刘琼 编著

专业 室内灯光 设计师必备宝典

Professional indoor light

清华大学出版社

北京

内 容 简 介

在室内设计中，灯光的设计越来越为设计师们所重视，本书将详细介绍如何为不同的家居设计提供恰当的灯光搭配，从光学原理到灯光技术的方方面面，从灯具的挑选到各区域灯光设计的重点展示，这些区域包括前门、过道及楼梯空间、客厅空间、厨房空间、餐厅空间、儿童房空间、卫生间、卧室空间、家庭工作间、休闲空间和半开放及外部空间，通过大量优秀而实用的案例，为大家详尽展现室内设计中灯光设计的手法与在不同功能空间的照明应用技巧。

本书通俗易懂、内容实用，可作为高等院校室内设计、建筑设计、环境艺术设计等专业的教材，也可供相关工作的设计师参考借鉴。

图书在版编目(CIP)数据

专业室内灯光设计师必备宝典 / 刘琼　编著. —北京：清华大学出版社，2015（2021.8重印）
ISBN 978-7-302-40629-7

Ⅰ.①专… Ⅱ.①刘… Ⅲ.①住宅照明－照明设计 Ⅳ.①TU113.6

中国版本图书馆CIP数据核字(2015)第150373号

责任编辑：李　磊
封面设计：王　晨
责任校对：曹　阳
责任印制：杨　艳

出版发行：清华大学出版社
　　　　网　　　址：http://www.tup.com.cn，http://www.wqbook.com
　　　　地　　　址：北京清华大学学研大厦A座　　　　邮　　编：100084
　　　　社 总 机：010-62770175　　　　　　　　　　邮　　购：010-62786544
　　　　投稿与读者服务：010-62776969，c-service@tup.tsinghua.edu.cn
　　　　质 量 反 馈：010-62772015，zhiliang@tup.tsinghua.edu.cn
印 装 者：三河市铭诚印务有限公司
经　　销：全国新华书店
开　　本：185mm×210mm　　印　　张：10.75　　字　　数：330千字
版　　次：2015年10月第1版　　印　　次：2021年8月第9次印刷
定　　价：49.80元

产品编号：058779-01

Preface

前　言

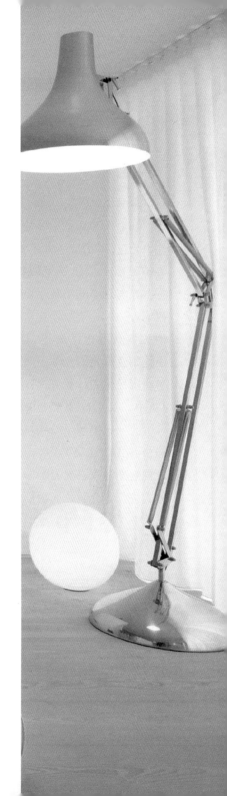

　　在室内设计中，灯光是不可忽略的重要组成部分，但在实际的设计过程中，灯光设计却常常会被人们所忽略。当然，对于一个优秀的室内设计师来说，灯光不仅是其塑造空间的重要手段，也是其赋予室内灵魂的关键所在。

　　本书中所要讲到的灯光设计是由自然光源与人工光源两部分组成，但是我们会将讲解重点放在室内人工光源的运用与设计上。以人工光源为主的住宅照明设计，主要是由灯具与灯具所散发出的灯光所组成的，因此，在本书的编写过程中，会对灯具本身和其所带来的照明效果进行分析，让读者的思维不仅仅局限在"灯光"这一词语上。本书不同于一般的室内鉴赏书籍，而是一本将理论知识与实践案例完美结合在一起的实用性灯光设计手册。同时，为了让读者能够富有条理、思维连贯地阅读本书，首先在本书的前面几个章节中，对与灯光相关的理论性知识进行了详细介绍，随后，对住宅中灯光安装的不同区域进行划分，并分别对不同空间的不同照明方案进行介绍。与此同时，还在某些章节中穿插了作为重点提示的小贴士，让读者能够更加全面地认识灯光设计这一特殊的艺术门类。

本书共分14章，前面的4章为基础内容的介绍，后面的10章主要是对不同区域的综合性用光进行介绍与分析。在本书的第1章中，将编写重点放在了光的物理属性、视觉感应、光与色彩的关系及材料的光学性质上；在第2章中，首先对电光源的相关信息进行了概述，随后还提到了灯光的三种照明层次与室内照度的计算方式；在第3章中，灯具成为重点讲解内容，此外还提到了一些灯具的选择方式；在第4章中，首先对自然光源及自然光源的利用方式进行了介绍，而后面将重点放在了室内灯光的不同表现形式上。

本书从第5章开始，一直到最后的第14章，皆为综合性的室内灯光设计讲解，分别将住宅划分为前门、过道、楼梯空间、客厅空间、厨房空间、餐厅空间、儿童房空间、卫生间、卧室空间、家庭工作间、休闲空间、半开放及外部空间多个区域，并从灯具

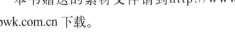

的选择、灯光的布局、氛围的营造等不同的方面介绍各区域的灯光设计要点。

为了让广大室内设计师与室内设计爱好者能够深入而详尽地认识灯光设计这一略显冷门的学科，设计者以简单易懂的文字介绍有关灯光的设计理论，并搭配大量的经典案例解析，让读者能够在实践中总结经验。

本书由刘琼编著，另外李杰臣、赵冉、向小兰、周文卿、李江、秦加林、李德华、牟恩静、马国帮、陈宗会、罗洁、徐洪、陈建平、马涛也参与了本书的编写工作。书中难免会有不足之处，恳请广大读者批评指正，并登录www.epubhome.com提出宝贵意见，也可以加入QQ群280080336与我们交流。

本书赠送的素材文件请到http://www.tupwk.com.cn下载。

编　者

目 录
Contents

Chapter 1
不可不知的光学基础知识

Chapter 2
灯光常识一点通

Chapter **3**

认识灯具及灯具的选择

Chapter **4**

室内灯光设计原则

Chapter **5**

前门、过道及楼梯空间的照明设计

Chapter **6**

客厅空间的照明设计

Chapter **7**
厨房空间的照明设计

Chapter **8**
餐厅空间的照明设计

Chapter **9**
儿童房空间的照明设计

Chapter **10**

卫生间的照明设计

Chapter **11**

卧室空间的照明设计

Chapter **12**

家庭工作间的照明设计

Chapter

不可不知的
光学基础知识

1

- 光的物理属性
- 光的视觉感应
- 光与色彩的关系
- 材料的光学性质

1.1 光的物理属性

光是一种可见、但不可触及的物质，它无时无刻不存在于我们的周围，而我们却常常忽略它，只有在需要它的时候，才发现它的重要性。在室内设计中，灯光设计是一项不可或缺且专业性极强的重要设计内容，因此，在对其进行深入研究之前，我们首先来了解一下关于光的各种物理属性。

如果从物理学的角度来解密光，那么我们大致可从七个不同的方面入手，分别是照度、显色性、色温、阴影、稳定性、光色及眩光，其中有关光色与眩光的内容，我们会放在1.2与1.3节中进行详细讲解。

光的照度，其实就是指被照物体在单位面积上所接收的光通量，其单位为勒克斯（可简写为Lux或Lx），常用符号E来表示。在室内照明的设计中，我们通常结合光照区域的用途来决定该区域的照度，最终根据照度来选择合适的灯具。

国际照明委员会推荐照度范围（仅供参考）

光照区域及相关用途区分	照度范围（Lx）
室外入口区域	20 ~ 30 ~ 50
交通区域，仅需短时间的停留或判别方向	50 ~ 70 ~ 100
非连续工作用的室内区域，如衣帽间、门厅等	100 ~ 150 ~ 200
有简单视觉要求的房间，如讲堂、饭厅、客厅等	200 ~ 300 ~ 500
有中等视觉要求的区域，如办公室、书房、厨房等	300 ~ 500 ~ 750
有一定视觉要求的作业区域，如绘图区域、缝纫区域等	500 ~ 750 ~ 1000
需要长时间工作且精度要求较高的作业区域，如精密加工区域	750 ~ 1000 ~ 1500
有特殊作业要求的工作区域，如手工雕刻等	1000 ~ 1500 ~ 2000
需要完成严格的视觉作业区域，如医院的外科手术室等	≥ 2000

注1：表中数值为工作面上的平均照度。
注2：在通常情况下，如非必要，用于居住的室内照度最好不要超过750Lx。

随着箭头的走向，光源的显色指数依次降低

光的显色性是指同一物体在不同光源的照射下所呈现出颜色的差异性。在通常情况下，我们用显色指数（Ra）来表示显色性。

从各种光源的照明效果来看，太阳光对各种物象本身的色彩还原度最高，因此，我们认定太阳光为显色性最佳的光源（太阳光的显色指数≈100），而在现今市面上售卖的各种人工光源中，白炽灯的显色功能最佳（白炽灯的显色指数≈97），其次便是日光色荧光灯，其显色指数大约在80～94之间。

简单来说，光的色温是表示光源光谱质量最通用的指标（光源光谱的详解，请参照本书的1.3节），其单位为开尔文（K）。在同一环境下，光源的色温越高，给人的感觉越阴冷；光源的色温越低，给人的感觉越温暖。

TIPS ▶▶

在室内灯光设计中，光源的显色性并不是越高越好，只能说显色性好的灯具，其运用区域较为广泛。例如，在一些注重氛围烘托的室内区域，便不再需要高显色性的灯具。

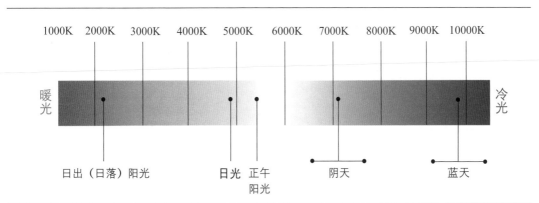

有光的地方，必然有阴影存在，从物理学的角度来说，影子的形成是由于光线在照射过程中被物体遮挡后所形成的阴暗区域，因此，影子的存在也是对光的物理属性的一种体现。在室内灯光设计中，当我们对某些特殊区域的灯光进行布置时，也需考虑投影这一特殊因素，例如，在工作区域的灯光设计中，需避免灯光开启后在工作台面上形成阴影区，从而对居住者的正常工作造成干扰。

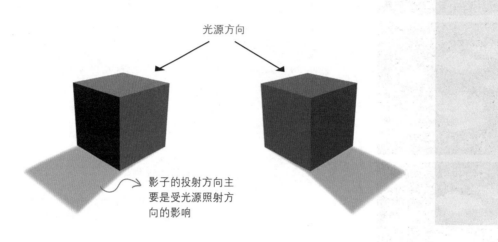

光源方向

影子的投射方向主要是受光源照射方向的影响

在光的各种物理属性中，光的稳定性其实是对光照度的一个补充，我们也可将其称为光的照度稳定性。由于光源光通量变化及各种相关因素的影响，一些照明环境会出现一种忽明忽暗的光照效果，而这种效果正说明了光源的照度不够稳定，当人们处于这种光照环境下时，会感到心烦意乱，注意力分散，严重时会让人产生出一种错觉，从而引发安全事故。

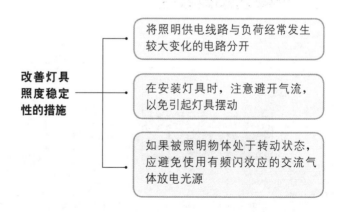

改善灯具照度稳定性的措施

将照明供电线路与负荷经常发生较大变化的电路分开

在安装灯具时，注意避开气流，以免引起灯具摆动

如果被照明物体处于转动状态，应避免使用有频闪效应的交流气体放电光源

1.2 光的视觉感应

　　本书的编写目的是为给室内设计师提供有关灯光布置的设计指导，但你是否想过，灯光设计的目的究竟是什么？其实很简单，就是为了让人们在光照空间中能够正常地进行各类视觉活动，由此可见，光与视觉之间存在着直接且必要的联系。

　　由光所衍生出的视觉感应不止一种，在这里，我们仅提炼出最为重要的三方面要点进行详细阐述与解析。首先，从生理因素的角度来分析光的视觉感应，而其中最具代表性的便是人眼对光的视觉调适。

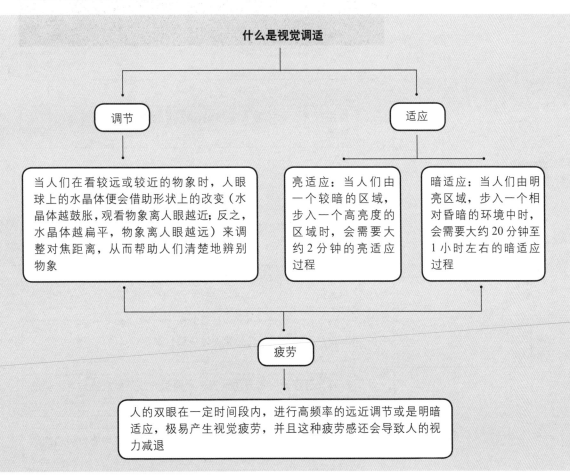

在前一小节中已经提到了，眩光其实是一种由光的物理属性所引发的视觉感应，而这种视觉感应会让观者的双眼感受到极度的不适，加速人们的视觉疲劳。究其根源，眩光的产生是由于光源的亮度、位置、数量、环境等多方面原因共同作用的结果。

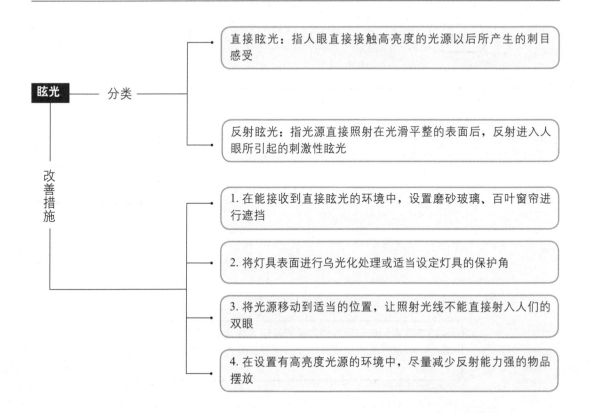

眩光 —— 分类

直接眩光：指人眼直接接触高亮度的光源以后所产生的刺目感受

反射眩光：指光源直接照射在光滑平整的表面后，反射进入人眼所引起的刺激性眩光

改善措施

1. 在能接收到直接眩光的环境中，设置磨砂玻璃、百叶窗帘进行遮挡

2. 将灯具表面进行乌光化处理或适当设定灯具的保护角

3. 将光源移动到适当的位置，让照射光线不能直接射入人们的双眼

4. 在设置有高亮度光源的环境中，尽量减少反射能力强的物品摆放

　　从视觉感应的角度来进行室内灯光设计时，还需考虑主要居住者所处的年龄阶段，这样才能让整个室内的灯光分布更加科学合理。由于年龄、人体视觉系统及光照间的过于深入且复杂的关系，在这里我们不做过多的探讨，下面给出年龄与人体视觉间的一些研究结论，供读者在今后的设计中参考。

年龄	相对视力（％）	对眩光敏感度（％）
20	100	100
30	95	100
40	87	100
50	74	120
60	59	150
70	35	200

注：该表出自Blackwell，1979。

　　如果将人体不同年龄阶段的视觉感应与工作效率相联系，我们可得出如下表所示的结论，从该表中可以看出，在通常情况下，70岁以上的长者比40岁以下的青年群体需多出两倍的光亮，才能达到同等的工作效率。

年龄	达到相等精确性或相等工作速度时所需照明度（％）
＜ 40	100
40 ～ 50	150
50 ～ 60	200

在进行公共办公室或家庭办公区的灯光布置时，可参考此表格

1.3 光与色彩的关系

光色是光的物理属性体现之一，是指光源的颜色，由于光与色彩之间的关系十分复杂，且具有极为重要的代表性意义，因此，笔者特意将该内容作为一个独立的小节进行详细讲解。

人们之所以能看见世界上的各种色彩，是由于光线照射到物体后使视觉神经产生了一种色彩感受。早在17世纪，著名的物理学家牛顿便利用三棱镜将太阳光折射成为七种不同的彩色光，而这也为之后的色彩与光学研究提供了理论依据。如果从光的本质上分析，光其实是一种电磁波，而该电磁波的不同部分都有各自的波长，且每种波长都对应着不同的色彩。

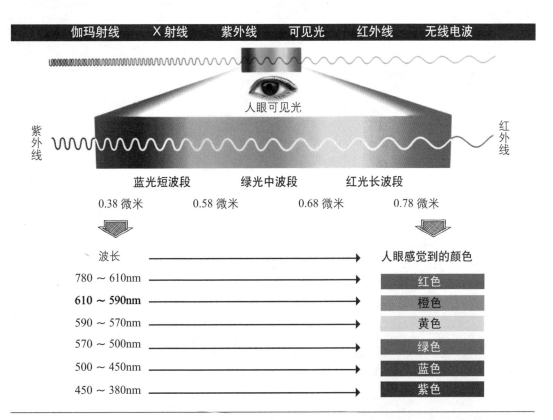

1.4　材料的光学性质

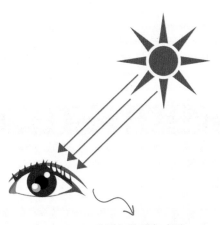

光源色的感知方式

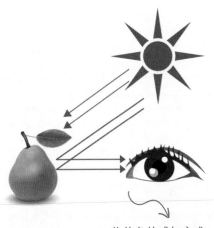

物体色的感知方式

在学习材料的光学性质之前，我们首先要搞清楚人们在感知色彩时所用到的两种感光方式，一种是由光源所散发出的光线色彩，我们称其为光源色；另一种是由物体表面在不同光源下所呈现的色，我们称其为物体色，而这也是本节所关注的重点。

以光源色为主的感光方式，主要是通过光的波长来决定光线色彩的（不同波长所对应的色彩，请参考1.3节中的内容），不仅如此，不同的光源体，其所散发出的光色波长也存在着差异性，但人眼对各种波长的光色感都是恒定不变的。

TIPS ▶▶

当光源色直接投射于人们的双眼时，人们通常对处于光谱中间区域的光色最为敏感，换句话说，黄色到绿色间的直射光源最能引起人们的注意。

简单来说，物体色是由光的作用与物体本身的特性所共同决定的，在这里，我们不再对光的作用（主要是指光源色）进行详解，而是将重点放在构成物体的材质的光学性质上。

在日常生活中，我们所看到的各种物体，均是通过反射光或透射光的方式进入我们的眼中，而在这一过程中，由于不同材质的表面质感不同，导致对光的吸收与反射也不同，最终便得到不同的物体色。

TIPS ▶▶

与光源色不同，在物体的反射光里，人们通常对处于光谱长波区域的光色最为敏感，这时，人们对红色到黄色的光波最为注意。

　　在通常情况下，可从材料对光的反射系数与透射系数两个角度来概述材料的光学性质，如果用一句话来概括，材料的反射系数与透射系数是除光源色以外，决定物体色的最主要因素。其中反射系数是反射光通量与入射光通量的比值，同理，透射系数是透射光通量与入射光通量的比值，而具有透射系数的物质，通常呈半透明或透明状态。

　　由于本书的重点是对室内灯光进行设计，因此，下面给出一些常见建筑材料的反射系数与透射系数，希望读者在今后的实际设计中，能够结合室内建筑的面层材料与采光材料等多种因素来进行光源的选择与布置。

材料	反射系数
石膏	0.91
大白粉刷	0.75
中黄色调和漆	0.57
红砖	0.33
灰砖	0.23
黄白色塑料墙纸	0.72
蓝白色塑料墙纸	0.61
胶合板	0.58
混凝土地面	0.20
白色大理石	0.60
红色大理石	0.32
白色瓷釉面砖	0.08
黑色瓷釉面砖	0.08
普通玻璃	0.08
白色马赛克地砖	0.59
深棕色木纹塑料贴面板	0.12

材料	颜色	厚度（mm）	透射系数
普通玻璃	无	3～6	0.78～0.82
钢化玻璃	无	5～6	0.78
磨砂玻璃	无	3～6	0.55～0.60
压花玻璃	无	3	0.57
夹丝玻璃	无	6	0.76
压花夹丝玻璃	无	6	0.66
夹层安全玻璃	无	3＋3	0.78
吸热玻璃	蓝	3～5	0.52～0.64
乳白玻璃	乳白	3	0.60
有机玻璃	无	2～6	0.85
乳白有机玻璃	乳白	3	0.20
聚苯乙烯板	无	3	0.78
小波玻璃钢瓦	绿	—	0.38
钢纱窗	绿	—	0.70
茶色玻璃	茶色	3～6	0.08～0.50
中空玻璃	无	3＋3	0.81

Chapter

灯光常识
一点通

2

- 认识电光源
- 选择合适的电光源
- 三种照明层次
- 室内照明照度的计算

2.1 认识电光源

电光源，顾名思义，就是一种利用电能做功并产生可见光的光源。在室内灯光设计中，电光源占据极大比例，因此，为了让读者更加全面地了解电光源，笔者将在本章节的前半部分详细对电光源进行介绍，为读者之后的灯光设计学习与运用打下坚实基础。

2.1.1 了解电光源

在人们的生活中，电光源无处不在，但你是否了解不同的电光源究竟适合什么样的室内空间？安装在什么地方才是最恰当的？从现在开始，就带领读者一起解密电光源这一现代科技产物。

安装在床头的电光源

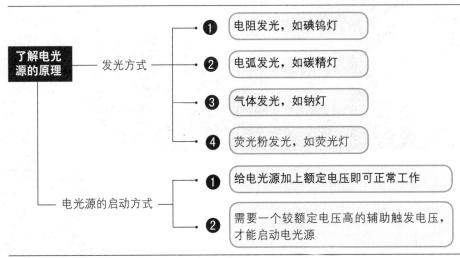

随着科技的进步与发展，电光源的种类也逐步增加，这些电光源是由哪些部件所构成的？不同的电光源在构成零件上存在着些许差异，但有些零部件则是必不可少的，下面来介绍一些常见的电光源零部件。

在明确了构成电光源的各种零部件以后，便需要掌握一些判定电光源性能的方式，这能帮助用户在实际的灯光布置中选购达标的电光源，延长其使用寿命，减少不必要的浪费。

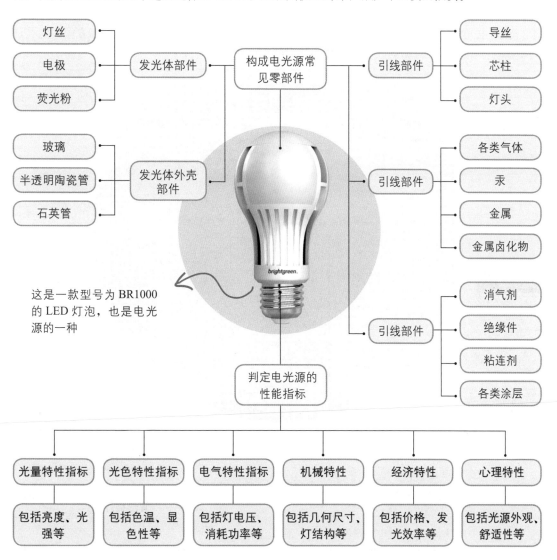

这是一款型号为 BR1000 的 LED 灯泡，也是电光源的一种

| 发光体部件 | 灯丝 / 电极 / 荧光粉 |
| 发光体外壳部件 | 玻璃 / 半透明陶瓷管 / 石英管 |

构成电光源常见零部件

引线部件	导丝 / 芯柱 / 灯头
引线部件	各类气体 / 汞 / 金属 / 金属卤化物
引线部件	消气剂 / 绝缘件 / 粘连剂 / 各类涂层

判定电光源的性能指标

光量特性指标	光色特性指标	电气特性指标	机械特性	经济特性	心理特性
包括亮度、光强等	包括色温、显色性等	包括灯电压、消耗功率等	包括几何尺寸、灯结构等	包括价格、发光效率等	包括光源外观、舒适性等

2.1.2 电光源的分类

　　由于电光源的种类太过庞大，从而也衍生出了多种分类标准，下面以电光源的发光原理作为分类依据，将电光源划分为热辐射电光源与气体放电光源两大类。其中，热辐射电光源是一种将热能转化为光能的电光源，而气体放电光源是利用气体放电发光原理制成的一类电光源。

　　在对电光源进行分类的同时，还可根据各种电光源的发光物质、性能结构等方面，对其进行更加深入的划分，以帮助我们了解更多不同的电光源。

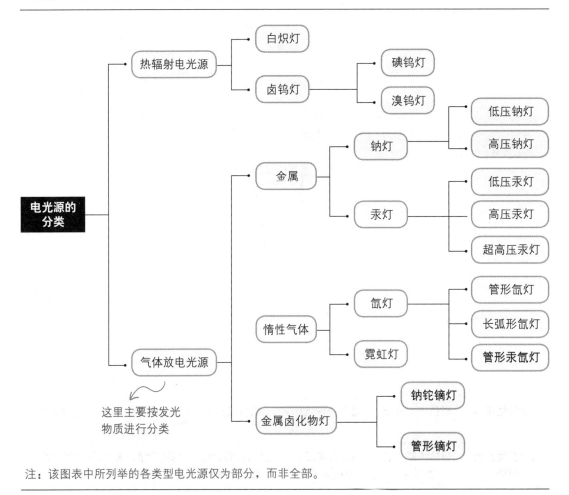

注：该图表中所列举的各类型电光源仅为部分，而非全部。

2.2　选择合适的电光源

　　阅读至此，相信读者对电光源已经有了较为深入的认知，接下来将介绍多种在日常生活中的常见电光源，如果你认为这只是一些理论化知识，对实际的灯光设计并没有实质性的帮助，那么你就大错特错了，学会选择合适的电光源是学习灯光设计之前所必须掌握的灯光常识，所以，从现在开始，请静下心来，阅读以下的内容吧！

2.2.1　白炽灯

　　在1879年，美国著名发明家爱迪生便制成了碳化纤维白炽灯，从此开始，白炽灯便走进了千家万户，而白炽灯这种光源类型，可以算是人类历史上的第一种电光源，时至今日，白炽灯俨然成为世界上产量最大、应用最为广泛的一种电光源。

　　白炽灯的设计原理是将灯丝通电加热到白炽状态后，利用热辐射发出可见光。该种灯泡通常是由耐热玻璃制成泡壳，其内部装有钨丝，并将泡壳内的空气抽去，以免灯丝氧化，或再注入惰性填充气体（如氩），从而达到减少钨丝受热蒸发的目的。

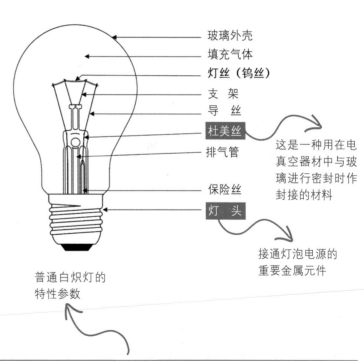

玻璃外壳
填充气体
灯丝（钨丝）
支　架
导　丝
杜美丝
排气管
保险丝
灯　头

这是一种用在电真空器材中与玻璃进行密封时作封接的材料

接通灯泡电源的重要金属元件

普通白炽灯的特性参数

功率（W）	功率因素（cosΦ）	发光效率（lm/W）	色温（K）	显色指数（Ra）	平均寿命（h）
10 ～ 1500	1.0	7.3 ～ 25	2400 ～ 2900	95 ～ 100	1000 ～ 2000

随着时代的发展，人类需求的不断提高，人们也不断地对白炽灯的外形、灯丝材料、灯丝结构、填充气体等方面进行改良，以适应不同的用途与需求，现今的白炽灯发展趋势以节能为主。

最为常见的一种白炽灯

标准型白炽灯

标准型烛灯

管状白炽灯

其形状比标准型烛灯更加接近于火烛，常作为装饰类灯具的电光源

仿真型烛灯

TIPS ▶▶

　　仔细观察这些白炽灯的结构，你会发现，这些白炽灯的底座皆为螺旋式底座，但现今市面上还是有极小一部分属于卡口底座。

　　伴随着白炽灯种种优势而来的，便是白炽灯与生俱来的一些劣势，因此，当为室内空间选择电光源时，需在其优势与劣势间进行权衡，看看究竟哪一种电光源更适合自己，下面便是笔者所归纳的白炽灯优势与劣势的对比。

价格便宜 通用性大 色彩品种多 显色性好 使用与维修十分方便	**VS**	光效低 使用寿命短 不耐震 灯丝易烧 电能消耗大
优势		**劣势**

2.2.2 卤钨灯

当人们使用普通白炽灯的过程中会发现这样一个现象，长时间的高温会导致灯泡类的钨丝蒸发，但由于灯泡外部有玻璃壳作为屏障，因此，蒸发掉的钨便沉淀在了玻璃壳上。卤钨灯又可称为卤素灯，从其研发角度上来说，卤钨灯其实是白炽灯的升级版，其主要设计原理就是在白炽灯中注入卤族元素或卤化物，与此同时，为了保证卤钨循环的正常运行，在制造过程中，需要大大缩小玻璃外壳的尺寸。

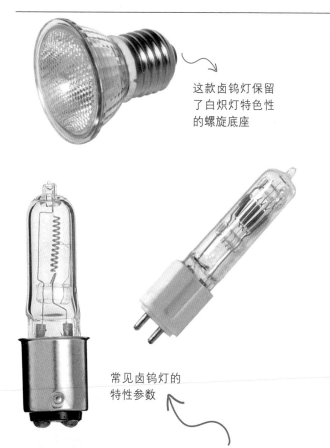

这款卤钨灯保留了白炽灯特色性的螺旋底座

常见卤钨灯的特性参数

从卤钨灯的用途上划分，可将其分为以下六类。

1. 照明卤钨灯：多用于家庭室内照明。

2. 汽车卤钨灯：常被用于汽车的近光灯、转弯灯及刹车灯等。

3. 仪器卤钨灯：常用于投影仪或某些医疗仪器等光学仪器上。

4. 冷反射仪器卤钨灯：常用于轻便型电影机、彩色照片扩印等光学仪器上。

5. 红外、紫外辐照卤钨灯：其中红外辐照卤钨灯多用于加热设备和复印机上，而紫外辐照卤钨灯则用于牙科固化粉的固化工艺上等。

6. 摄影卤钨灯：常用于新闻摄影照明、舞台照明及影视拍摄中。

功率（W）	功率因素（cosΦ）	发光效率（lm/W）	色温（K）	显色指数（Ra）	平均寿命（h）
10～5000	1.0	14～30	2800～3300	95～100	1500～2000

2.2.3　钠灯

　　钠灯是一种利用钠蒸气放电的电光源，该电光源的发光效率极高，但分辨颜色的性能极差，因此，该类光源适用于显色性要求不高的场所。

　　由于工作蒸气压的差异，钠灯又可分为低压钠灯与高压钠灯，其中，低压钠灯的工作气压不超过几个帕，而高压钠灯的工作气压大于0.01兆帕（1兆帕=1000000帕）。

　　在各种电光源中，钠灯是发光效率最高的节能型光源，其常被用于各种道路照明、庭院照明及各种建筑物的安全防盗照明等，但就室内照明而言，高显色型号的高压钠灯更适合用于宽敞的室内空间。

低压钠灯

低压钠灯的
特性参数

型号	发光效率 （lm/W）	显色指数 （Ra）
—	95	
—	87	
—	74	

优势

光效高

视觉敏感度高

重量轻

自身功耗小

缺点

显色性一般

高压钠灯

高压钠灯的
特性参数

型号	发光效率 （lm/W）	显色指数 （Ra）
标准型	130	25
改进型	75	60
高显色型	45～60	80～85

优势

光效较高

耗电少

寿命长

透雾强

可有限识别光色

缺点

显色性极差

2.2.4　汞灯

　　汞灯是利用汞放电时，产生蒸气后，获得可见光的一种气体放电光源。在通常情况下，又将汞灯分为低压汞灯、高压汞灯及超高压汞灯三种，其中，低压汞灯就是指传统型的荧光灯，对此将在2.2.5小节中着重讲解。在这里，笔者主要对高压汞灯与超高压汞灯进行详细介绍。

　　高压汞灯是一种散发着柔和白光的电光源，其点燃时的汞蒸气压为2～5个大气压，故称为高压汞灯，其安装高度通常距地面4～5米。如果从高压汞灯的构成部件来分析，其通常是由石英电弧管、外泡壳、金属支架、电阻件和灯头组成。

　　超高压汞灯在点燃时，气压通常达到10个大气压以上，由于其具备亮度较高且可见光与紫外线能量辐射很强等优势，因此，常作为光刻技术和光学仪器等强光源。在设计超高压汞灯时，设计者需要以所需亮度出发，而高压汞灯的设计则通常是以灯的寿命与光效出发。

高压汞灯的优势与缺点
优势：　性价比高
光效高
寿命长
耐震性较好
缺点：　被照射物体发青

高压汞灯常用于广场、街道的照明设备中

2.2.5 荧光灯

现今市面上所售卖的荧光灯可分为两大类，分别是传统型荧光灯与无机荧光灯。

1. 传统型荧光灯

在前一小节中我们已经提到，传统型荧光灯就是低压汞灯，就是人们常说的"日光灯"，其属于低气压弧光放电光源，在点燃时，汞气压小于1个大气压。

在传统型荧光灯的内部一定装有两个灯丝，其主要功能是在交流电压的交替作用下，两个灯丝能交替作为阴极与阳极，且灯丝上还涂有碳酸钡（$BaCO_3$）、碳酸锶（$SrCO_3$）及碳酸钙（$CaCO_3$）三种电子发射涂料，俗称电子粉或三元碳酸盐。除此之外，在灯光内壁还涂有荧光粉，而这也是荧光灯制作的关键所在，这种电光源是利用低气压的汞蒸气在放电过程中辐射紫外线，最终使荧光粉发出可见光。当然，除了上述这些部件与原理以外，荧光灯的制作还包含了许多部件与原理，在这里，就不再逐一阐述。

传统型荧光灯又可大致分为标准型与紧凑型两种。

> 这是一种标准型荧光灯管，又可称为直管形荧光灯，该种荧光灯属双端荧光灯

> 常见的荧光灯管有三基色荧光灯管、冷白日光色荧光灯管和暖白日光色荧光灯管三种

TIPS ▶▶

在日常生活中，如果遇到荧光灯灯管突然不能发光，那么可能是以下六种故障所造成：1.电源没有接通；2.灯管内的灯丝烧断；3.启辉器损坏；4.灯具接插件接触不良；5.镇流器损坏；6.灯管漏气。最后，可采用排除法确定故障原因，从而进行针对性的修复。

常见标准型荧光灯的特性参数

功率（W）	功率因素（cosΦ）	发光效率（lm/W）	色温（K）	显色指数（Ra）	平均寿命（h）
4～200	0.42～0.53	60～100	2500～6500	70～95	10000～20000

前面所介绍的标准型荧光灯，仅仅只是传统荧光灯的一种，除此之外，另一种传统型荧光灯——紧凑型荧光灯，同样得到了广泛应用，时至今日，该种荧光灯已逐渐取代了白炽灯，进入了千家万户。

紧凑型荧光灯是由灯头、电子镇流器和灯管组成，其主要部件都集中在相对狭小而紧凑的区域，从而使其外形相对于传统型荧光灯显得更加小巧，并且这种灯泡内部的荧光粉通常采用的是稀土三基色荧光粉，不仅如此，这种电光源的发光效率远高于白炽灯，从而又被人们称为节能型荧光灯。

综合紧凑型荧光灯的各个属性及其造价方面的考虑，将其优点归纳为：高光效、节能环保、显色性佳、寿命长等。

TIPS ▶▶

在室内空间中采用荧光灯作为照明光源时，由于荧光灯发热易吸灰尘，所以居住者一般定期会对其进行清洁，但在清洁过程中，一定要注意以下事项：1.关闭电源；2.不要用湿润的抹布擦拭灯管，一定要将抹布拧干；3.在清洁荧光灯之前，一定要保持双手的洁净，避免在灯管上留下痕迹。

这是一种状似蘑菇的紧凑型荧光灯泡

这是一种螺旋式紧凑型荧光灯

常见紧凑型荧光灯的特性参数

这是一个典型的双管紧凑型荧光灯

功率（W）	功率因素（cosΦ）	发光效率（lm/W）	色温（K）	显色指数（Ra）	平均寿命（h）
5～55	0.9～0.95	44～87	2500～6500	80～90	5000～10000

2. 无极荧光灯

无极荧光灯又称为无极灯或高频等离子体放电无极灯，这是一种最新科研成果研发出的高新技术产品，也是未来电子光源的发展方向。

无极荧光灯是由灯泡、高频发生器、耦合器三部分所组成，取消了传统荧光灯中的灯丝与电极。该种电光源具有高辉度、低耗电、高效率、无频闪、寿命长等优点，并且其启动性能极佳，可在0.1秒内瞬间启动。

由于无极灯内没有灯丝与电极，从而使其平均使用寿命达60000小时以上，并且该种光源的启动温度低，即使在25℃以下，也可正常启动与工作。

环形无极荧光灯

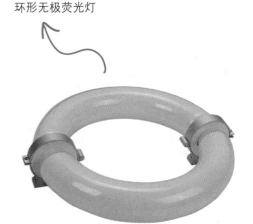

2.2.6　微波硫灯

从本质上来说，微波硫灯也是无极灯的一种，是一种高效全光谱无极灯，其工作原理就是利用2450MHz的微波辐射，来激发微波硫灯内部包含的石英球包内的发光物质——硫粉末，最终使它产生连续光谱，发出可见光，并且微波硫灯能放射出比自己输入功率大几倍的光亮度，而这也体现出该光源的超强发光效率。

TIPS ▶▶

从电光源的角度来说，微波硫灯拥有了绝大多数光源的各种优点，但由于高压硫分子等离子体光色偏绿，从而使其不能得到广泛运用，而解决这一问题，正是现今微波硫灯的发展方向。

2.2.7 金属卤化物灯

金属卤化物灯又可称为金卤灯，其设计原理是在高压汞灯的基础上，添加了各种金属卤化物后所制成的电光源，其发光原理是利用汞和稀有金属的卤化物混合蒸气中产生的电弧放电发光。

从用于制作金属卤化灯内部的电弧管泡壳的材质上来划分，可将其分为两种，一种是陶瓷金卤灯，其主要是用多晶氧化铝陶瓷制造电弧管管壳；另一种是石英金卤灯，是用石英做电弧管管壳，这属于一种传统型金卤灯。

由于金属卤化物灯是一种节能型光源，并且其光色接近于日光，也因此广泛被人们运用于展览中心、体育场馆、车站等市内照明区域。

常见金属卤化物灯的特性参数

金属卤化物灯的优势	
发光效率高	使用寿命长
显色性能好	光色好

功率（W）	功率因素（cosΦ）	发光效率（lm/W）	色温（K）	显色指数（Ra）	平均寿命（h）
35～3500	0.45（NYI）	65～140	3000～6500	65～95	5000～20000

2.2.8 光纤

　　光纤是光导纤维的一种简写，而这里的光纤是指光纤灯，这是一种以特殊高分子化合物作为芯材，并搭配高强度透明阻燃工程塑料作为外皮的现代化电光源。根据照明系统的差异，可将光纤灯分为点发光光纤系统与线发光光纤系统，其中，点发光光纤系统是一种末端发光的光纤灯，而线发光光纤系统是一种侧面发光的光纤灯。

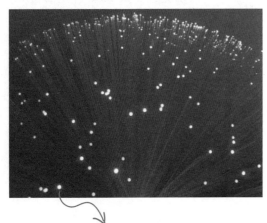

这是一种点发光系统光纤

这是一种由线发光系统光纤所构成的梦幻灯饰

　　由于在光纤灯的制作中加入了许多高科技材料，因此，其具备了许多传统电光源所不具备的优势，这些优势主要表现为安全性、环保性、灵活性、视觉效果佳、无紫外线、低热量、无电伤害、使用寿命长等。

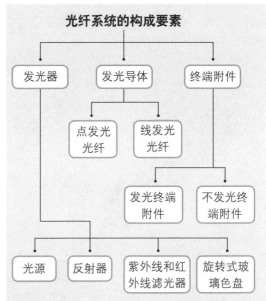

光纤系统的构成要素

- 发光器
- 发光导体
  - 点发光光纤
  - 线发光光纤
    - 发光终端附件
    - 不发光终端附件
- 终端附件
- 光源
- 反射器
- 紫外线和红外线滤光器
- 旋转式玻璃色盘

TIPS ▸▸

　　当在为光纤灯的发光器选择内部所需配置的光源时，考虑体积、发光效率等因素，可从白炽灯、卤钨灯及金卤灯这三种电光源中选择。

2.2.9　LED光源

　　LED的全称是Light Emitting Diode，即发光二极管，这是一种能将电能转化为可见光的固态半导体器件。

　　这种光源的抗震性极好，但相对于其他电光源来说，LED电光源的售价相对昂贵，当然，LED灯之所以如此之贵，可从以下几方面体现出来：（1）LED灯的耗电量极低，平均下来，一千小时仅耗几度电；（2）保护视力，LED灯属于无频闪灯；（3）发光效率极高，其基本能将90％的电能转化为光能；（4）由于LED灯是采用无毒材料制成的，不含汞等有害物质，因此，基本不会对环境造成污染。除此之外，LED光源的优势还有很多，阅读至此，你应该明白LED灯的优势与其售价是成正比的。

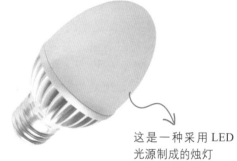

这是一种采用LED光源制成的烛灯

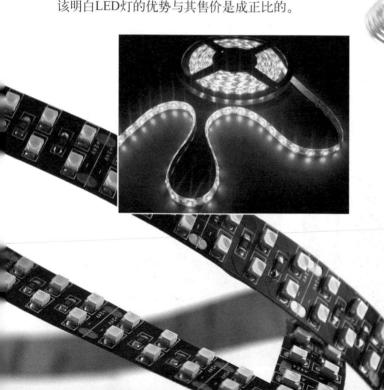

　　在LED电光源的使用与制作中，人们还研发出了一种LED灯带，其主要是将LED灯用一些特殊工艺焊接在铜线或一些软性的带状线路板上。在灯光设计中，由于LED灯带可塑性极强，从而使其深受设计者们的喜爱，人们常常用这种灯具来制造一种绚丽而梦幻的场景。例如，设计师常常会将其装设在室内天花板上，用来制造层次分明的天花板景象。

2.3 三种照明层次

在了解各种电光源以后，从现在开始，将正式进入室内灯光设计的系统化学习。在室内灯光设计中，可通过合理的灯光运用来划分出室内光线的层次感，其中有三种照明层次是室内空间中必不可少的，它们分别是普照式、辅助式与集中式。

2.3.1 普照式光源

从灯光亮度的角度来分析，大致可将普照式、辅助式与集中式的光源亮度比，划分为1：3：5，从该比例数据中可以看出，普照式光源的亮度最弱，在室内空间中，安设于天花板中心的光源，例如吊灯、顶灯等，便是普照式光源，它通常是整个空间的主灯，作为第一层灯光的普照式光源，其存在目的是为了让室内光线保持在一定的亮度，且这种亮度相对均衡，从而满足人们的正常生活需求。

TIPS ▶▶

本章中所列举的三种灯光层次，不一定同时出现在同一个房间中，但是在整套居室的灯光布置中，它们一定会同时出现，除此之外，一些设计师在划分同一个房间的灯光层次时，可能会在这三种灯光层次中寻找更加细致的灯光分层，那么整个房间的灯光层次便不止三种。

这盏充满复古色彩的吊灯，便是该卧室的第一层照明光源

2.3.2　辅助式光源

辅助式光源的亮度处于三种照明光源的中间，属于一种过渡式光源，这一种光源的出现，通常是为了进一步提升室内的照明层次感，或者是消弱集中式光源在空间中的突兀感，其中常见的辅助式光源灯具有壁灯、立灯等。

2.3.3　集中式光源

在整个室内灯光层次中，集中式光源所带来的照明通常为直射光线，其亮度也是室内照明灯光中最为明亮的，其存在的目的是为了给室内空间中的某个区域或局部提供集中且明亮的照明，但由于这种光源的照射范围较小，因而其通常会与辅助式光源及普照式光源同时出现。常见的集中式光源灯具有射灯、书桌灯等。

位于木床两侧的古典台灯是该卧室的第二层照明光源——辅助式光源

安装在床头上侧的两盏固定式嵌灯为该卧室的第二层照明光源——集中式光源

2.4　室内照明照度的计算

　　在本书的第1章中，已经基本介绍了什么是照度，并且也给出了一些常见区域的照度范围值，供读者参考，但是在一些要求相对严格的室内灯光照明设计中，需要设计师根据房间的实际面积与需求，来计算出整个房间的照明照度，并根据最终的照度计算结果来选择合理光源组合。

　　设计师计算室内平均照度时，通常会采用系数法与逐点法两种方法，在这里仅介绍相对简单的系数计算法。在运用系数计算法时，可采用如下公式：

$$Eav = \frac{\Phi NUK}{A}$$

　　　　　式中符号含义：　Eav——工作面上的平均照度，单位为 lx；

　　　　　　　　　　　　　Φ——光源的光通量，单位为 lm；

　　　　　　　　　　　　　N——光源数量；

　　　　　　　　　　　　　U——利用系数；

　　　　　　　　　　　　　K——灯具维护系数（可参考下列给出的表格）；

TIPS ▸▸

　　灯具的利用系数（U）主要是根据所用灯具的配光情况而定的，因此，不同灯具所对应的灯具利用系数有所差异，但是各种灯具的制造厂家往往不会对外公布，只有到专门的检测机构测算得到或参考一些专业书籍给出的数据。

部分电光源的照度补偿系数（K）

照明光源所处环境	部分电光源照度补偿系数		照明器擦洗次数（次 / 年）
	白炽灯、荧光灯	卤钨灯	
清洁	0.75	0.80	2
一般	0.70	0.75	2
污染严重	0.65	0.70	3

Chapter

3

认识灯具及
灯具的选择

- 灯具的作用
- 灯具的分类
- 选择合适的灯具

3.1 灯具的作用

从古至今，灯具都是我们生活中必不可少的一种器具，只不过在没有发明电光源之前，灯具所用到的皆是以火光为主的自然光源，而在现代生活中，各种灯具的制造基本是以人工光源为主。

灯具是一种能够改变及分配光源的分布，且具有透光性的一种器具。现代灯具在生产过程中，通常是由电光源、用于分配光的光学部件、用于固定电光源并提供电气连接的电气部件，以及用于支撑和安装的机械部件等。

阅读至此，读者一定会有疑问，灯具的作用除了照明以外，究竟还包括哪些？请看如下图表。

台灯

落地灯

吊灯

灯具的作用

1. 合理配光，能够将电光源所发出的光通量，重新分配到所需地方
2. 预防电光源引起眩光
3. 美化灯具所在环境
4. 为电光源供电，保护其受到损伤
5. 维护照明安全
6. 从一定程度上，提高光源利用率
7. 制造特殊的视觉效果

3.2 灯具的分类

在家居设计中，灯光设计需要根据家居空间中的不同功能、不同空间、不同对象选择不同的照明方式。灯具可进行不同的分类，下面将从灯具设计的通光量比例、灯具结构、安装方式的不同以及使用场所的位置等对灯具进行分类介绍。

3.2.1 按安装方式分类

在灯具的分类中，按不同的安装方式，可以将灯具的室内铺设方式分为线吊式、链吊式、管吊式、嵌入式、吸顶式、附墙式、台上安装七种形式，下面介绍这些不同安装方式的表现及特点。

1. 线吊式

在吊灯这个灯具类型中，线吊式属于较为轻巧的一种，一般是利用灯头花线持重，线吊式吊灯通常灯具本身的材质较为轻巧，如玻璃、纸类、布艺以及塑料类是这类灯具中较常选用的材质。为了调整照明器的高度，在灯头花线上再加上"自在器"或是选用具有弹性螺旋的导线悬挂照明器。

2. 链吊式

链吊式灯具也属于吊灯的一种，其悬挂的方式是采用金属链条吊挂于空间，这类照明器通常有一定的重量，能够承受较多类型的照明器的材质，如金属、塑料、玻璃、陶瓷等材质都能够用链吊式来实现。

3. 管吊式

管吊式与链吊式的悬挂很类似，是使用金属管或塑料管吊挂的照明器。

TIPS ▶▶

吊灯灯具在家居设计中选中的频率非常高，客厅、餐厅、卧室等都可以选用，造型各异、缤纷华丽的吊灯常常在家居灯具装饰中作为主灯为用户所重视。

4. 嵌入式

嵌入式灯具是将照明器嵌入到顶棚、墙壁、楼梯等空间内，其发光面（口）与室内的顶面、墙面、楼梯立面等属于同一平面上，常用的是筒灯等，其照明的效率不太高，主要用于装饰及辅助照明。

嵌入墙壁

嵌入吊顶

嵌入地面

5. 吸顶式

吸顶式顾名思义是将照明器吸附在顶棚位置，其灯具的上部与顶面是处于同一平面的，一般设于房屋空间不高、顶棚较为光洁的场所，像是磁铁一般紧贴在顶棚表面上，吸顶灯的灯罩多为塑料罩、亚克力罩和玻璃罩等材质。

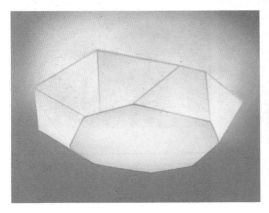

6. 附墙式

附墙式灯具是指设在墙壁上的照明器，就是我们所说的壁灯。壁灯在室内空间出现的地方一类是通道、走道、楼梯等位置，还有就是设置在卧室中的壁灯，这也是非常有装饰作用的一类设计。

7. 台上安装

台上安装灯具实际就是通常我们所说的台灯，台灯主要是放置在桌面及平台上的，台灯的功能性根据其摆放的空间有一定的差别，比如家庭工作室的台灯就更重视其照明的功能性，而在客厅或卧室内的台灯，其装饰性会更强。

3.2.2 按光通量的分配比例分类

在繁多的灯具分类方式中，有一种分类方式受到了国际照明委员会（CIE）的推荐，那就是按照灯具光通量在上下空间的分配比例进行分类（光通量指人眼所能感觉到的辐射功率），由此便得到了直接型灯具、半直接型灯具、漫射型灯具、间接型灯具及半间接型灯具五种。

1. 直接型灯具

直接型灯具是指90%～100%的光通量向下直射的灯具，这种灯具也是光通量利用率最高的一种。在设计直接型灯具的过程中，设计者往往会采用反光性较好且不透明的材质来制作灯罩，从而保证光线能够通过灯罩内壁的反射与折射，向下直射。

一些设计师为了提高直接型灯具的光通量利用率，可能会在灯具的外部添加遮光板，从而让灯具所投射出的光线更加集中而紧凑。

TIPS ▸▸

在各种灯具中，直射型灯具的光亮度当属最佳，但正因如此，如果该种灯具运用不当，极易产生眩光，因此，应避免让直射型灯具直接照射反光性强的物品等。

遮光板

在选择以工作阅读为主的书桌灯时，最好选择一款直接型灯具，相比其他类型的书桌灯，直接型灯具能在一定程度上保证工作区域的明亮程度，但由于直接型灯具会产生相对较浓的阴影，因此，需适当调节灯具的位置，避免在工作区产生阴影。

2. 半直接型灯具

从光通量的分配比例来看，半直接型灯具大概有60%～90%的光通量直接向下照射在被照射物品上，而有10%～40%的光通量经过反射后，再投射到被照射物体上。半直接型灯具往往是由半透明材质来制作灯罩，且灯罩呈向下开口的形式。

这一款半直接型落地灯，其弧形木架结构，让投射出的光线更具层次感

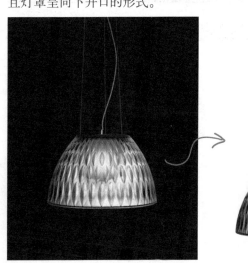

由半直接型灯具所投射出的光线，仍然具有很大的亮度，但这种光线相比直接型照明更加柔和，照射范围也相对较大。

3. 漫射型灯具

　　漫射型灯具的光源往往被封闭在一个独立的空间里，其灯罩通常是由半透明的磨砂玻璃、乳白色玻璃等漫射材质所制成，而由光源所发射出的光线会经过多方向的漫射，投射在空间中，其光线柔和且细腻，基本上不会产生眩光，但仅适合于一些照明亮度要求不高的空间。由于这种灯具往往仅有40%～60%的光通量直接照射在被照物体上，因而光通量损失较大。

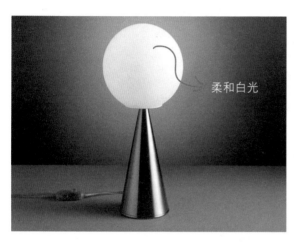
柔和白光

柔和暖光

　　相对于其他灯具，漫射型灯具更适合用于制造室内氛围，因此，一些设计师会在这种灯具的设计上，更加注重于外形的设计，例如，可以将光源密闭包裹在一个由漫射材质所构成的灯罩内部，而后在其外围进行更多的创意化设计。

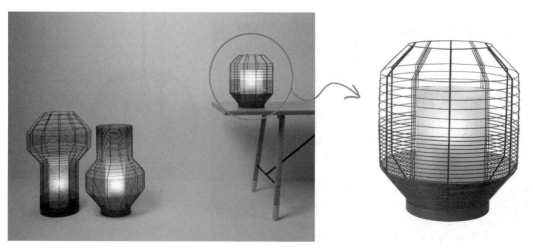

4. 间接型灯具

简单来说，间接型灯具就是将直接型灯具垂直翻转，让灯具投射而出的光线，有90%以上的光通量向上照射，投射于顶棚，而后再反射于室内。由间接型灯具投射而出的光线柔和而均匀，不会在室内地面上形成过大的阴影，也基本不会形成眩光，但其缺点是光通量的损耗较大。

TIPS ▶▶

间接型灯具还有这样一个照明优势，就是当其倚靠墙面时，投射出的光线会将墙面映衬得更加挺拔，立体感顿生。

5. 半间接型灯具

半间接型灯具的构造相对复杂，这种灯具的上半部分与下半部分所采用的材料有所不同，其上半部分为透明材质，下半部分多由漫射透光材料所制成，其目的是从增强反射光的角度，来让照射光线更加柔和。

透光材质

粗糙的漫射
透光材质

3.2.3　按灯具的结构分类

如果你仔细观察会发现，即使灯具的外形及内部构造具有千百种变化，其实在里面都蕴含着一定的规律，经过总结，按照灯具的结构，可将其分为以下几类，分别是开启式灯具、闭合式灯具、封闭式灯具和防爆式灯具四种。

1. 开启式灯具

在灯具设计中，如果灯具的光源能够直接与外界空间相连，并使人们能够轻易接触到内部光源，这样的灯具便是开启式灯具。

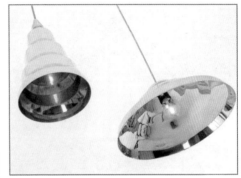

在灯光设计中使用开启式灯具，能够让人们在灯具内部光源损坏时，在不需要求助于专业人士的情况下，便可轻易将其替换。

灯泡半裸露的开启式灯具

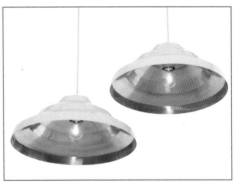

从使用情况上来看，开启式灯具存在着明显的优势与劣势，主要表现如下。

优势	劣势
1. 光源替换便捷（上文中已详细阐述）。 2. 让灯具具备了良好的散热能力。 3. 提高了灯具的发光效率。	1. 不能为内部光源提供较好的保护，容易使其受到损坏。 2. 灯具内部极易沾染灰尘。

VS

在开启式灯具的设计过程中，一些设计师为了让灯具内部光源所投射出的光线不会显得过于集中，而是更加均衡且充分，会通过灯罩的设计，来增加光源与外界的接触面积，以达到预定设计目的。

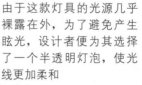

由于这款灯具的光源几乎裸露在外，为了避免产生眩光，设计者便为其选择了一个半透明灯泡，使光线更加柔和

2. 闭合式灯具

闭合式灯具，从命名上就可以看出，这是一种将灯罩结构进行闭合处理的透光性灯具，但灯罩的内部可以自由通气。

闭合式灯具让人们不能与灯具光源发生直接性接触，因此，对其内部光源有一定的保护作用。

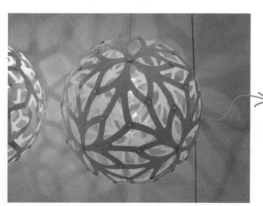

镂空的闭合式灯罩，让灯光效果显得斑斓而美好

　　如果说之前所列举的两种镂空形封闭式灯具不能对内部光源起到很好的防尘作用，那么可试着选择一种材质排列相对密集或镂空口较小的材料来制作灯罩，让灯具的内部与外界具有一定的空间流动，但这样一来，必然会降低灯具的散热性与光照强度，因此，要根据实际需求来选择最合适的照明灯具。

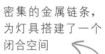

密集的金属链条，为灯具搭建了一个闭合空间

3. 密闭式灯具

　　所谓密闭式灯具，就是将灯罩的结合处进行封闭式处理，使灯具的内部与外界空气基本处于隔绝状态。这种拥有封闭结构的灯具，其优势主要表现为能起到良好的防尘作用，如果工艺到位，还可起到防水作用，例如水下射灯。

　　当密闭式灯具的内部光源损坏时，通常需要专业工具将灯具打开，而后再替换新的光源，因此，其维护难度要高于开启式光源。前面提及的闭合式灯具也一样。

水下射灯

4. 防爆式灯具

防爆式灯具是一种不会因灯具而引起爆炸危险的灯具类型，并且防爆式灯具又可分为隔爆防爆型灯具、安全型防爆灯具及便携式防爆灯具等。

隔爆防爆型灯具通常是在灯具结构的透光罩及结合处，增加具有高强度支撑能力的物质结构，从而起到较好的隔离隔爆作用。

安全型防爆灯具是一种在正常工作状态下不产生火花、电弧，或者是在危险温度的部件上增加有安全措施的灯具。

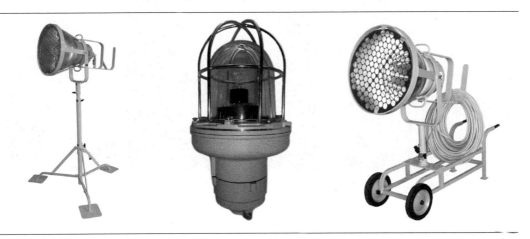

便携式防爆灯具指具备防爆功能，并可让使用者随时携带使用的小型灯具。

通过介绍以上三种防爆灯具，相信读者对这类灯具已经有较为明确的认知，而不论是哪一种防爆灯具，都是为了让人们在具有爆炸危险的场所中使用时，提高场地的安全系数。

这款 LED 防爆手电筒，便是一款便携式防爆灯具

TIPS ▸▸

除了上述的四大类灯具结构以外，还有一类特殊的灯具，那就是防震灯具，这类灯具是为了让人们能在震动的空间中也能获取较为稳定的光照，右图所示为一款安装于自行车上的防震灯具。

3.3 选择合适的灯具

通过前面的介绍，相信读者对各种灯具已经有了大致的了解，而在这之后，将要学习的是如何为空间挑选合适的灯具。

3.3.1 从满足适当的照度值来挑选

在本书的第1章与第2章中，对照度值这一重要的灯光属性进行了详细介绍，而在这里，我们便试着从照度值的角度，来为空间挑选一款或多款适合它的灯具！当然，这一切均是基于居住者的生理及心理需求进行考虑的。

1. 适合强照度值灯具的空间

在住宅建筑的众多空间中，家庭办公区所需要的光照强度（照度）应当是最大的，其原因是保证居住者能够在一个足够明亮的环境中进行办公及阅读，提高居住者的工作效率，并对其视力起到一定的保护作用，因此，我们需为这样的空间挑选一款或多款拥有强照度值的灯具。

设计者特意为阅读区域增强了照度

厨房是一个注重安全性的室内空间，因此，其对空间照度值的要求也相对较高，为了避免居住者在烹饪过程中发生安全事故，需为其选择拥有强照度值的灯具。当然，也可通过组合式的灯具运用来提高空间的照度值。

2. 适合较强照度值灯具的空间

在为客厅区域选择灯具时，应让整个客厅区域的亮度保持在一种明亮但不刺眼的状态，这样的灯光设置，能够让人们保持愉悦的心情，而这也正符合客厅的休闲娱乐功能。除此之外，如果住宅内有单独的娱乐空间，那么对其照度值的设置与客厅要求基本一致，综上所述，当为这类空间选择灯具时，最好选择拥有较强照度值的灯具或灯具组合。

相较于厨房，餐厅对照度的要求相对较低，但也需保证空间拥有充足的光线。餐厅所需的空间照度值基本与客厅一致，因而所选用的灯具一般为拥有较强照度值的灯具。

3. 适合适中或较弱照度值灯具的空间

对于照度值一般或较弱的灯具来说，其主要适合一些对亮度要求不高的空间区域，例如卧室。卧室的主要功能是让居住者能够在一个舒适的环境中得到充分的休息，因此，当为该空间选择灯具时，并不需要灯具拥有过于明亮的照明功能，仅需要其提供较为柔和且能保证一定可见度的光照便可。

对于走道、楼梯间等空间来说，人们通常只会在该区域中做短暂停留，因此，这类区域对灯具的照度要求并不高，仅需要灯具或灯具组合具有一般或较弱的照度值便可，但该类空间的灯具会频繁开关，因而对灯具的质量要求较高。

　　在笔者看来，人们对卫浴空间的灯具照度需求其实不太稳定，在大多数情况下，人们会选择光线柔和、照度适中或偏弱的灯具来照明空间，这样的灯光设置是为了在心理上给人们一种私密感与隐秘性，在此基础上，为了保证居住者能在洗漱时看得清楚，设计者通常会加强洗漱区域的光照强度。在少数情况下，如果家中有老人或小孩，居住者会将卫浴空间的照度设定得相对明亮，以避免安全事故的发生。

TIPS ▶▶

　　在本节中，笔者对各个区域的灯具使用给出了一个基本的选择标准，但这仅仅是一个建议而已，在实际的灯光设计中，还需要结合居住者的喜好来挑选适合的灯具，例如，如果居住者喜欢一直颇具情调的客厅，那么便不再适用于选择较强照度值的灯具。

3.3.2　从灯具的材料与工艺来挑选

在灯具设计师的眼中，每一盏灯都是一件独一无二的艺术品，而赋予这些艺术品灵魂的关键，除了设计本身以外，其制作材质的选择，也是一个不可或缺的重要因素，并且不同的材料，也有着其独特的制作工艺。

1. 金属材料

金属材料是灯具设计中的常见材料，这是一种具有一定光泽度且富有延展性的材质，从其制作工艺上来看，主要会用到焊接工艺、冲压工艺、锻造工艺及冷弯工艺等。由于金属材料的种类繁多，因此，以不同的金属材料制成的灯具，所呈现出的视觉形态也存在明显差异，例如，一些设计师为了突显灯具的历史感，会使用一些故意做旧，且具备斑驳肌理的金属材质来打造灯具。

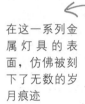

在这一系列金属灯具的表面，仿佛被刻下了无数的岁月痕迹

在挑选金属灯具的过程中，一些室内设计师更喜爱金属灯具所带来的现代感或档次感等，而这类灯具通常是采用金属材质来制成灯具的表面，并将其打磨得无比光滑，这样一来，便会在视觉上给人一种崭新感，且反光度也会大幅度提高。

　　大多数金属材料都具备极强的可塑性，因此，便给灯具设计师留下了极大的设计空间，例如，设计师可采用金属材料制成灯具的外壳，并在金属外壳上做镂空处理，使之最终呈现出精雕细琢般的视觉形态，它所能达到的细腻度是许多材料无法达到的。

2. 塑料材料

　　塑料是一种由加聚或缩聚反应所聚合而成的高分子化合物，在灯具设计中，最为常见的四种塑料材质为聚苯乙烯树脂、丙烯酸树脂、聚乙烯树脂及增强塑料，虽然同为塑料，但这四种材料所具备的特质也有所不同。例如，聚苯乙烯树脂具备较好的透明性，适合用于制作灯罩；丙烯酸树脂具有良好的透明度与耐用性等。除此之外，塑料的制作工艺也十分繁多，常见有吸塑、压塑等。

在挑选塑料灯具之初，我们首先联想到的一定是一类质感较为坚硬的塑料灯具，这类塑料通常被称为热固性塑料。除此之外，还有一类热塑性塑料也可作为灯具的制作材料，这种材料的质地较软，可反复回收利用。

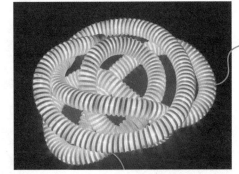

热塑性塑料制成的管状灯具

TIPS ▶▶

由热塑性塑料所制成的灯具，除了右侧列举的这一类以外，还有一种塑料灯具质感类似于环保袋，但由于其过于柔软，因此，其内部往往加有金属支撑架等。

3. 玻璃材料

在各种灯具中，以玻璃制成的灯具也常被人们所挑中。由于玻璃材质本身就具备许多不同的制作工艺，从而衍生出多种不同的玻璃类型，例如，浮雕玻璃、琉璃玻璃、夹丝玻璃、马赛克玻璃等，这些玻璃皆可作为玻璃灯具的制作原料。

玻璃材料虽然能制作出视觉效果出众的灯具，但其也存在着一些不可避免的缺点，易碎性是最为突出的一种。

这两款灯具的主要制作材料为压制玻璃

这款灯具由吹制玻璃制成

在挑选玻璃灯具的过程中，许多人十分青睐于一种工艺复杂的玻璃灯饰，这种灯具既是一件照明工具，又是一件精美的艺术装饰品，其外形繁复，立体感极强，常被设计者塑造成为某种颇具美感的具象事物，并搭配玻璃的剔透感，更是让人喜爱不已。

4. 水晶材料

水晶是一种在视觉上与玻璃极为接近的材质，但事实上，正宗的水晶灯通常是由K9水晶材料制作而成，其在售价上也远比玻璃灯具昂贵。如果你挑选了一盏水晶灯具作为室内照明灯饰，那么其所特有的璀璨外表，一定会让整个室内熠熠生辉，成为最为瞩目的存在。

5. 陶瓷材料

对于一些具有复古情怀的人们来说，挑选一盏陶瓷灯来点亮所居住的空间，是一个不错的选择。陶瓷灯，顾名思义，就是一种由陶瓷材料照明的灯具。在我国古代，陶瓷灯便已颇为普及，时至今日，也十分受人喜爱。在现代工艺的改良之下，陶瓷灯可分为陶瓷底座灯与陶瓷镂空灯两种，其中以陶瓷底座灯最为常见。

TIPS ▶▶

与玻璃、水晶灯相似，陶瓷灯也属于易碎灯具，不仅如此，在保养方面，也需格外细心，例如在日常清洁中，除了可用洗洁精擦拭以外，还可用肥皂加少许氨水或者使用等量亚麻子与松节油的混合物来清理陶瓷表面。

6. 木质材料

由木质材料打造的木质灯具，也备受人们推崇，这种灯具的适用范围极广，除了古典风格的家居以外，还可用于田园风格的家居装饰中。在灯具制造中所用到的木质原料，除了源于大自然以外，还有部分是经由人们后天加工生产的，但木质本身的花纹基本上被保留了下来，因此，不论采用何种木料所制成的灯具，皆蕴含着一种温和而朴实的气息，让人倍感舒适。

3.3.3　从灯具的适用场所来挑选

从适用场所的角度来挑选灯具，可按空间的基本结构进行归类，分别是天花板灯具、墙面灯具及地面灯具三种。

1. 适用于天花板的灯具

在室内空间中，安装于天花板区域的灯具，通常是作为整个空间的主体光源，其中最为常见的有吊灯与顶灯两种，但相对于吊灯来说，顶灯的光源离天花板更近，因此，当采用顶灯作为照明灯具时，常常会让天花板显得更加亮堂，反之，在光源相同的情况下，与顶灯相比，吊灯为空间下方带来的照明亮度更强。

吊灯

顶灯

各种嵌灯及射灯也是安装在天花板上的常见灯具，这类灯具通常是以组合的形式存在的，其主要用途是进一步巩固主体灯具的照明，或者带来均衡的光照效果等。

在现代化的家装设计中，导轨灯应当算是天花板的宠儿，这种灯具易于安装且价格也不算昂贵，因此备受人们喜爱。导轨灯是由导轨轨道与导轨灯具所组成，其优势在于，人们可根据天花板的结构或居住者的实际需求来安排导轨系统的结构。

嵌灯

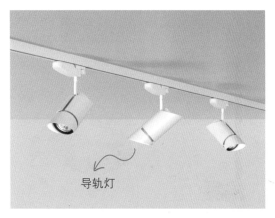

导轨灯

2. 适用于墙面的灯具

提及墙面灯具（这里的墙面主要是指除天花板以外的所有墙面），人们首先会联想到壁灯，从其命名上就可以看出，这种灯具最适合安装在墙面之上。在室内灯光布局中，这种灯具既可以成组出现，也可以单独存在，其适用范围极广，例如镜前区域、床头区域等。

3. 适用于地面的灯具

在各种灯具中，适合于地面的灯具可将其归为两大类，一种是直接放置于地面之上的落地灯；另一种是镶嵌在地面上的埋地灯。

在室内空间中使用落地灯，通常是为了给某个区域带来更加明亮的照明，或者是用作点缀空间。埋地灯又可称为地面隐藏式向上射灯，这种灯具即可用在室内地面，也可用在户外区域，其光线向上投射，充满戏剧效果。

→ 落地灯

→ 埋地灯

TIPS ▸▸

还有一款嵌入式灯具与埋地灯相似，我们将其称为脚灯，这款灯具通常被人们安装在墙面的最下方，是一款适合于墙面的灯具，具体参考图，可翻阅3.2.1小节所列举的嵌入式灯具。

Chapter

4

室内灯光
设计原则

- 如何利用自然光源
- 室内灯光的不同表现
  形式

4.1 如何利用自然光源

所谓光源，除了之前提到的各种人工光源以外，还有一种来源于大自然的光源，即自然光源，由于这种光源无时无刻不存在于我们周围，因此，常常会被我们所忽略。如果我们能将这种光源融入实际的光源布局中，不仅能达到节能环保的目的，还能直接享受到显色性最佳的光照效果！

利用自然光源最简单的方法便是将用户的某个生活区转移至住宅的半开敞或外部空间，例如天台、阳台、花园等空间区域，这样一来，不需要任何改造，便可享有最为自然的光源，并呼吸着新鲜的空气。

要想在室内空间中收获自然光源，最为常见的方式便是在住宅的外墙上开设窗户，从而使外界的自然光线能够透过开设的窗户，射入室内中。

在各种类型的窗户中，落地窗所占据的面积当属最大，因此，其获取户外光线的能力也是最强的。在室内设计中，如果能够在住宅内的一面或多面墙体上开设落地窗，那么不仅会给人以视野上的开阔感，还可同时获取极佳的采光效果。

如果你设计的房屋属于独栋住宅，或者是处于最顶层的住户，那么在不破坏房体结构的情况下，可考虑在天花板区域开辟出一块镂空区域，当然，这块区域最好做上防护措施，这样的设计，能让自然光线直接投射于室内中，并给人极为独特的印象。

TIPS ▸▸

　　通常一提及自然光源，人们首先联想到的一定是来源于太阳的自然光线。其实，在生活中还存在着许许多多的自然光源，例如月光、火光等。点燃蜡烛后，所得到的烛光也是自然光源的一种，在室内空间中使用这种光源，可渲染出颇具情调的视觉氛围，但同时一定要注意，由此引发的火灾隐患。

4.2 室内灯光的不同表现形式

在室内灯光设计中，大致可将灯光的表现形式分为九大类，分别为一般照明、分区照明、局部照明、混合照明、定向照明、重点照明、泛光照明、过渡照明和景观照明，每一种照明形式都具有不同的设计原则。

4.2.1 一般照明

一般照明是最为基础的一种灯光表现形式，其不用考虑过多的照明因素，主要目的是为了给室内空间带来一种相对均衡的照明效果。

在处理一般照明的过程中，设计师通常会选择功率较大的照明灯具，以此来营造出均衡而又稳定的光照环境。

为了获取较好的一般照明效果，许多设计师会将多盏相同的照明灯具按照相对均匀的形式进行排列，从而使电源开启后，让灯具所覆盖的空间获取比较匀称的照明效果，而这种灯光表现形式，常用于走廊等区域的灯光设计之中。

根据走廊结构依次排开的顶灯，让整个空间的光照十分均衡

4.2.2 分区照明

　　分区照明又称为一般分区照明，简单来说，就是按照实际的居住需求，将同一空间内的某个区域的照度提高，并且该区域所采用的灯光布置是按照一般照明的设计形式，最终使得照度提高区域的光照也是均衡的。

　　在室内设计中，使用分区照明，可在一定程度上改善室内的照明质量，并且还能节省不必要的能源浪费，保证光源的利用效率。

由八个分布均匀的光源所构成的吊灯，为下方的料理台带来了更加明亮的照明

4.2.3　局部照明

如果分区照明不能满足居住者对某个区域的光照需求，或者是一般照明照射不到该区域且不便于安装分区照明灯具，那么局部照明的灯光布置不失为一个不错的选择。

在室内空间中的某个区域，设置一盏或多盏照明灯具，使之为该区域提供较为集中的光线，便是局部照明的设计方式，例如，在床头安设床头灯，便是一种局部照明设计。

局部照明设计适合于一些照明要求较高的区域，例如，在家庭办公区中，人们便会在书桌上添加一盏照度较高的书桌灯，用作局部照明。

在一些面积较大的空间中，局部照明区域通常不止一处，一些设计师青睐于将多盏照明灯具分布在空间的多个局部，并起到装点空间的作用。

4.2.4 混合照明

在通常情况下，我们将由一般照明（或分区照明）与局部照明所构成的灯光表现形式，称为混合照明。从某个角度上来说，这种照明设计其实就是以一般照明为基础，并在一般照明所覆盖的局部区域增加强调式照明，这样一来，既可增强区域内的灯光层次，又能明确光照的功能性。

局部照明光源　　　　一般照明光源

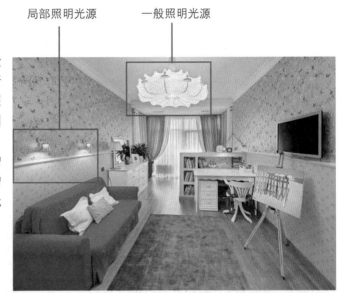

当在为大户型的室内空间设计灯光时，其客厅区域通常都会采用混合式照明设计，并且其所用到的混合式灯光布局往往都相对复杂，但是我们可通过合理的布局，让灯光分层显得富有条理，避免不必要的光源浪费。

天花板中的三组照明灯组，为空间提供了一般照明

红圈选中灯具为局部照明灯具

4.2.5　定向照明

在灯光设计中，让被照射物象接收到来自同一方向上的灯光照明，这便是定向照明的设计方式。在通常情况下，设计师会采用直接型灯具来构成定向照明效果。在室内灯光布置中，采用定向照明，通常是为了让被照射区域取得集中而明亮的照明效果，而所需灯具数量，应根据被照射区域的面积来定。

光线统一定向向下投射

提及定向照明，人们通常会产生这样一个误区，以为在同一照明空间中，所有光源都必须保持统一的照明方向，其实这样的想法是错误的。在一些特殊的环境中，可能会在同一空间设定不同方向的定向照明，但同时应保证同一局部区域所以接收到的光照来源于同一方向。

不同方向的定向照射

4.2.6 重点照明

当空间的某些局部区域需要一些具有强效聚焦作用的光照效果时，不妨将该区域打造为重点照明区域吧！

许多人对定向照明与重点照明的界定不清，其实简单来说，前者是同一区域内所受到的光照需来自同一方向，后者是重点区域内所受到的光照可以来自同一方向，也可以来自不同方向，并且在通常情况下，重点照明的范围相较于定向照明要更小一些。

重点照明下的物品，立体感顿生

TIPS ►►

如果单向的重点式照明不能满足居住者的需求，那么多向的重点照明一定可以让被照射物象更加出众。但是这样的照明设计，在同一空间中，最好不要超过两处。

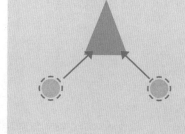

从实用性与装饰性的角度来考虑，重点照明设计更偏向于装饰性，当被照射物象经由重点照明以后，通常会赋予物象更强的立体感与棱角感，从而起到美化物象的作用。

柜式区域是重点照明的一个常用区域，除了常用的射灯以外，线型灯光也能获取重点照明效果，但其光线比射灯更加柔和。

4.2.7 泛光照明

泛光照明其实不能算作室内照明，在这里提及这种照明形式，是因为在一些追求高品质装饰效果的住宅设计中，这种照明形式同样得到广泛使用。从光照效果上来说，泛光照明就是通过一定的灯光布局，让室外目标（这里主要指住宅建筑本身）比周围的环境更加明亮且醒目，因此，泛光照明是一种用于夜间的照明形式。

通过在住宅外墙上方增设射灯，来获取泛光照明效果

在住宅灯光设计中，泛光照明的设计重点就是对建筑外墙的灯光设计，照亮建筑外墙，便点亮了整个建筑。从照明方向的角度来划分，外墙照明除了前面列举的自上而下以外，更多的还是将灯光由下至上照射，这样的灯光处理，可在一定程度上避免眩光的形成。除此之外，由于外墙的长度较长，因此，为了提升灯光的覆盖面积，并减少大量灯具的使用，可考虑使用线型照明工具。

线型照明

4.2.8 过渡照明

在第1章中，已经对视觉适应中的暗适应与亮适应进行了详细讲解，而这里所提及的过渡照明，便是为了解决由暗环境到亮环境（亮适应）或是由亮环境到暗环境（暗适应）的一个视觉适应需求。在住宅灯光设计中，门前（住宅大门）区域的灯光设计，便是一个典型的过渡照明，它能使人们从昏暗的夜色中进入到明亮的室内时，有更好的视觉缓冲余地。

如果对灯光要求极为严格，并且所追求的是一种高品质生活，那么在设计过渡照明时，可以做到更加细致，例如，可在暗环境到亮环境的过渡区域设置多组灯具，并且让灯具的亮度呈缓缓提高（降低）的照明趋势，使灯光的过渡效果更加柔和，从而大幅度提高人眼的舒适度，当然，对普通居住者来说，这种设计没有必要。

| 暗环境 | 亮环境 |

⟶ 灯具的亮度逐渐提高 ⟶

🔆 ⤳ 代表照明光源

4.2.9　景观照明

　　与泛光照明相似，景观照明也属于一种户外照明形式，其主要是对住宅周围的景观区域进行灯光设计，从美化环境的角度提高居住者的生活品质。由于住宅外的景观面积通常都不大，因此，对于这类小面积的景观照明来说，其主要将设计重点放在"小景"的灯光布局上，而各种射灯便是用于塑造小景照明的主要灯具。

将射灯直接照射在树干上，让其成为夜间的一道亮点

　　同样是以树木景观为重点，一些设计师更偏爱用一种向上照射的埋地灯来提供景观照明光源，从视觉上让被照射的树木顿时挺拔起来，只是这种灯光设计，会让树木的顶部显得更加昏暗，当然，如果你钟爱于这样的视觉差异，这便不再是问题。

向上直射的光线

　　在选择景观灯具时，光源色也是需要考虑的一个要点。如果想要还原植物本身的色彩，那么最好选择白光或淡淡的暖光照明；如果想让景观中的树木看上去更加翠绿诱人，那么可考虑使用绿色系的照明灯光。

　　上述提及的景观照明设计，主要是从装饰性的角度出发，除此之外，还有一种景观照明方式是从实用性的角度出发，在此将其称为景观引导式照明。

　　景观引导式照明，其实就是在景观场地中设置具有引导作用的路灯，从而为居住者提供前进的方向。在家居型景观中，最好选择体积较小且高度较矮的路灯。

5

前门、过道及楼梯空间的
照明设计

- 前门入口处的灯光设计
- 打造令人目不转睛的玄关入口
- 通过功能区分玄关光源
- 过道空间的等距离铺设要点
- 线型灯光在过道空间中的运用
- 强调装饰效果的过道灯光设计
- 具有层次的楼梯间地脚灯
- 与扶手平行的线型灯光在楼梯空间的运用
- 开敞式楼梯间的独特灯光设计

从本章开始，将正式进入住宅空间中不同区域的照明设计介绍。本章将讲解重点放在各种过渡空间的灯光设计上。所谓过渡空间，就是指居住者仅仅会在该区域做短暂停留或用于连接空间的区域，例如玄关、走廊等区域。

在本章中，笔者将室内设计中最为常见的四种过渡空间作为讲解要点，并根据各个区域在室内空间中从里到外的先后顺序进行讲解，分别是前门区域、前面门以内的玄关区域、走廊区域，而后便是楼梯空间区域，其中，走廊区域与楼梯间区域在空间中出现的先后顺序不定。

在一般的楼房住宅中，前门区域属于公共区域，居住者一般不会对该区域的灯光单独进行布置，但是在一些户型独立的别墅类住宅设计中，前门区域必然会成为设计师所关注的重点。当访客登门拜访时，前门设计的优劣，往往会左右人们对于整套住宅的第一印象，而灯光设计则是该区域设计的一大要点。

玄关区域，是人们进入住宅内部的第一空间，虽然该空间在整套住宅中所占有的面积不大，但却扮演着犹如欢迎使者一般的角色，因此，不论所设计的住宅是大户型，还是小户型，都不能忽略玄关空间的设计。通过灯光的处理来营造一个舒适、温馨的玄关氛围，不仅能消除居住者忙碌一天后的心理疲劳，还可为访客带来宾至如归的感受。

当来到走廊空间时，应该从两个角度对该区域的灯光进行设计，第一种是从实用性的角度来打造光感稳定的走廊空间，另一种则是从装饰性的角度出发，让极易被人们所忽略的走廊演变为艺术长廊。

楼梯空间一般仅出现在大户型的住宅设计中，虽然该空间与走廊空间同属于起连接作用的空间，但是该空间对灯光设计的照明安全性更加看重，特别是对阶梯区域的照明，需要保证足够的亮度。

5.1 前门入口处的灯光设计

当设计者在为住宅前门采用何种灯光布置方案而发愁时，一定要秉承一个设计观点，那便是实用性一定要大于观赏性，从用光区域上来划分，可将门前区域划分为大门周围的邻近区域，以及大门前方的走廊区域。

在大多数住宅的设计中，大门前方的走廊区域一般是暴露在室外的，因此，在选择照明灯具时，一定要遵照室外灯具的选择要点（选择要点在本书最后一个章节中会详细介绍），并且该区域的光源布置应当越简单越好，避免在夜色中照成不必要的干扰。

在为前门周围的邻近区域选择照明灯具时，最好选择节省空间的壁灯灯具或嵌灯灯组，以避免对居住者的进出造成阻碍。

◀ 石青色的引路者

设计者在前门处的长廊区域安装了一排散发着淡淡石青色光芒的小型向上式射灯，这一盏盏微小却不失明亮的灯具，好似一个个夜间的引路者，为人们指引回家的方向。

TIPS ▶▶

　　在门前长廊区域的灯具选择中，除了在之前两个案例中提到的两种便于隐藏的灯具以外，体积较小的庭院灯也不失为一个绝佳的选择，只不过这种灯具会侵占部分长廊空间，因此，不适用于狭窄的长廊区域照明。

➡ 隐藏在缝隙处的温存

在该住宅的前门设计中，设计者在前门的正前方处铺设了一条直线型的长廊，并且长廊的局部路段是由石阶所堆砌，为了方便人们在夜间能够更好地行走，设计者便在台阶的隐藏缝隙处安设了散发着暖光的隐藏式灯带，让人们在清冷的夜间也能获取一丝温存。

◀ 对称的分布

本住宅的前门区域有着一个面积颇大的屋檐，为了更好地利用这一优势，设计者便在屋檐底部的中央区域安装了一组对称的嵌灯，用于照明前门区域，虽然由灯具所带来的光线不是特别亮堂，但却足以用于夜间照明。

↑ 整齐排列

将两盏小型向上向下照射式射灯整齐地安装在了前门上方区域，通过光线在垂直方向上的照明，让整个大门区域显得十分挺拔，并同时为该区域带来了颇为实用的照明。

↓ 温暖的呼应

在不大的前门空间中，设计者在左侧墙面的高处安装了一盏向上向下照射式壁灯，该款灯具的照明光源采用了暖橙色光源，与室内玄关处的光源相互辉映，不仅如此，灯具向下照射的光线，成为该区域夜间照明的主要光源，而灯具向上照射的光线，则有效突出了局部的建筑结构。

5.2　打造令人目不转睛的玄关入口

当大门开启以后，首先映入眼帘的一定是玄关区域，该区域的设计不能草率为之，要按照一定的目的性进行设计，例如，可以通过合理的灯光布置，或是创意化灯具的使用，让玄关处的光影拥有出众的视觉表现，让置身其间的人们深深被吸引，当然，整个设计应立足于温馨及欢迎氛围的营造，因此，最好不要采用色感或风格过于冷硬的光源布置及灯具使用。

↓ 热烈的氛围

在这个面积不大的玄关区域顶部，设计者为其选择了一款由无数光源所构成的吊灯，并且该款吊灯的每一个光源的长度皆不一致，在视觉上便形成了一种活泼的节奏感与视觉张力，加之跳跃性的光源开启，更是让这种热闹氛围显得更加浓郁，并同时为下方区域带来了充足照明。

5.3 通过功能区分玄关光源

　　从实用性的角度出发，通过一定的区分对玄关处的光源
进行合理布置，可在一定程度上减少不必要的浪费。

　　在大多数玄关区域的照明设计中，人们会将一进门的区
域照明作为设计重心，而这也算是玄关处灯具使用的最主要
的功能体现，与此同时，如果所在的玄关区域面积不大，那
么吸顶灯与嵌灯应该是最佳选择，而如果玄关区域的空间较
为空旷，或者是天花板足够高挑，那么吊灯、壁灯，或是边
桌与台灯的组合，都是不错的选择，但照明高度较低且占有
空间较大的落地灯，不推荐使用。

↓ 简单的入口

在一进门的玄关天花板区域，设计者便安设了两盏嵌入式射灯，虽
然整个灯光布置极为简单，但却让灯具完美发挥了对入口处的实用
性照明功能。

↑ 梦幻入口

在门框处的设计上，设计者运用了一种类似于壁龛的设计理念，使得整个门框四周除了下侧以外，皆拥有可安装隐藏灯具的凹陷结构，当散发着白光的隐藏式灯具安设其间以后，让整个入口处拥有了一种简洁且不失梦幻感的视觉效果，并且也发挥出了对入口区域的照明功能。

 ↑ 吸顶灯的运用

从整个空间的布局上看，玄关与走廊区域基本融为了一体，从人们视线所及之处来看，设计者仅在一进门的天花板区域安装了一盏形态简单的圆形吸顶灯，但却不妨碍灯具对最下方区域提供的实用性照明。

TIPS ▸▸

　　在本小节中，主要是从功能上来确定灯具的使用，从原则上来说，一种功能照明对应一组或一件照明灯具，但对于一些面积较大的玄关区域来说，设计者可能会通过主光灯具与辅助用光灯具的配合，来体现同一种照明功能。

➡ 分区用光

在这个玄关区域的灯光设计中，设计者首先在天花板区域安装了六盏对称排列的可调节式嵌灯，为该区域带来稳定的一般照明效果，与此同时，在靠墙一侧摆放的方形镜面四周，还安装有环绕镜边的面板灯，而这也正体现出灯光的镜前区域照明功能。

　　在前面的案例中，主要围绕着单一功能的玄关用光进行讲解，但是在一些设计考究的室内空间中，即使空间的面积大，设计者仍会在其中加入不同的用途，因此，在照明光源的设计上，便会采用多组照明灯具来区分玄关用光的不同功能。除了灯具的安装位置以外，控制灯具的开关也需要安装在合理位置，通常情况下，最好将开关安装在居住者一进门便可触及的位置，并且不同灯具的开关应区分开来，以方便居住者合理用光。

➡ 有序的组织

设计者首先通过一盏吊灯来点亮下方区域，使灯具发挥出一般照明功能，而后便在左侧的储存区域的上前方位置安装了一排射灯，便于储存区域获取充足照明。

5.4　过道空间的等距离铺设要点

　　过道空间，也可称为走廊空间，其属于连接性空间，是整个室内构成中不可或缺的重要组成部分，因此，对于该区域的照明设计，同样需要花大量的心思。

　　如果居住者所追求的是一种简约、实用的过道空间照明效果，那么不妨试着采用等距离分布的照明灯组来铺设空间，这样一来，既可让长长的过道空间获取均衡而又稳定的照明效果，又能保证空间中的每个角落皆获取足够的光照。

　　在实际的照明设计中，选择何种灯具组来照明空间，需要设计者根据走廊的实际环境，或者是居住者的用光需求来决定，除此之外，灯具的使用数量，则是由走廊的长宽来决定的。

↑ 常见分布

将嵌灯组依次排列在走廊天花板的中线区域，以最简单的分布形式，带来了最实用的照明效果。

↑ 双排光源

由于走廊较长，并且两侧墙面上安设有装饰照片，因此，设计者便采用了双排嵌灯照明来点亮空间，以简单的照明形式，发挥出多样的照明功能。

◀ **灯具与建筑结构的融合**

在本空间的过道设计中，设计者将照明灯具与天花板融为一体，形成一种类似于吸顶灯的灯具结构，当灯具内的电光源开启以后，梯形的灯罩外形，让光线不仅投射在了下方的走廊地面，还映射在了两侧墙面的大部分墙体之上，从而发挥出了绝佳的照明效果。

◤ **上下灯光的配合**

依次排开的双光源内嵌式射灯组，为整个走廊区域带来了稳定的照明，并配合右侧墙面下方区域所安装的一排等距离嵌入式脚灯，更是让整个过道区域的用光显得富有人性化与现代化特色，上下两组光源的配合，显现出了设计者独到的用心。

➡ 小型壁灯

在纯白色的过道墙面上，设计者为其选择了一组向上向下照射式壁灯，作为该空间的主要照明灯具，与此同时，安装在墙面最上方缝隙处的隐藏式灯具，使一股柔和的暖调光线，仿若瀑布一般，从墙面最上方洒向室内。

⬅ 简单的吊灯排列

这是一个由上下两层空间所构建出的纯白色住宅，由于走廊区域的上层空间与下层空间共用一块天花板，因此，设计者便为其选择了一组无灯罩的极简式吊灯，等距离的排列方式，不仅为下方走廊区域带来了稳定照明，还为其右侧的简易楼梯带来了光亮。

TIPS ▶▶

　　如果选择壁灯，或者是吊灯组来作为走廊空间的照明灯具，最好选择体型不大的小型灯具，反之，如果灯具在空间中的占有面积过大，会增加走廊区域的视觉压迫感。

5.5　线型灯光在过道空间中的运用

　　在大多数的室内设计中，过道空间属于一种狭长型空间，由此可见，其所需的照明灯具一般需要提供长距离的照明光线，因此，除了使用灯具组来照明空间以外，线型灯具应该是最佳的选择。

　　线型灯具可以是直线型、曲线型，甚至是曲形型，当然，在实际的灯具运用中，所选择的灯具类型需要设计者根据过道空间的结构来确定。如果从灯具的安装位置上来说，照明灯具可出现在天花板、墙面及地面三个区域。

↑ 洗墙效果

在这个开放式的过道设计中，设计者为其选择了一款隐藏在地面上的线型灯具，并将灯具安装在靠墙一侧，当电源开启以后，灯具不仅为过道区域带来了均衡的照明，当向上照射的光线映射在了一旁的墙面上以后，带来了一种常用于室外的艺术化洗墙照明效果。

⬅ 曲折的天花板线条

在结构复杂的走廊区域的天花板处，开辟多条形状曲折的灯道，如果将散发着白光的灯具安装了灯道中，流动的光线瞬间点亮了整个过道区域，不仅如此，还在过道一侧墙面的最下方安装了一条隐藏式灯带，用以呼应上方的白色线条，整个设计看似简单，却令人回味无穷。

⬅ 面与面的交汇

视线所及之处，一条与墙面完美贴合的线型灯具，从天花板处一直延伸至与之垂直的立侧墙面区域，处于不同平面上的光线交汇，成为整个走廊空间中宛如主角般的存在，既带来了照明，又抓住了人们的视线。

5.6 强调装饰效果的过道灯光设计

　　如果感觉仅在过道空间中加入简简单单的照明设计，会显得略微单调，那么不如为空间添加些许装饰效果。

　　就照明设计而言，可从两个角度来看待这里所提到的装饰效果，其中最为常见的一种是在走廊的空闲区域排放上一些装饰用品，并从突出装饰元素的角度来进行灯光布置，其中最常用到的照明灯具是带有聚焦功能的聚光灯及射灯类灯具。

↓ 突出的局部

在这个充满欧式奢华风情的走廊空间中，有一块凹陷区域，设计者在该区域安放了一张边桌及一些装饰物品，并借助两盏射灯的照射，突出了这一块充满装饰效果的局部。

 **↑ 简单的装饰照明**

在过道的左侧区域，设计者在墙面的隔板上放置了许多装饰物品，为了让这些装饰物品获取更好的视觉表现力，设计者便在其上方安装了一排嵌入式射灯，来强调这些装饰物品。

↑ 走廊上的壁龛设计

在狭长的走道区域中，设计者在一侧墙面上加入了壁龛设计，每一个壁龛的形状相似，长度不一，但设计者均在壁龛的上侧底面处安设了用于强调装饰品的聚光灯组，并且灯具所散发出的光源为暖色光线，这样一来，壁龛区域在纯白色走廊空间中显得更加吸引人眼球。

在走廊设计中，除了通过装饰品的排放与强调式灯光处理为空间带来装饰性以外，还可以通过特殊的灯光设计手法，来打造出富有装饰感的光影空间，但同时需要注意的是，光线在空间中的分布，一定不能成为人们在过道中行走的阻碍，否则便会丧失灯光设计的意义。

→ 艺术长廊

首先，设计者在走廊的天花板区域融入了壁龛设计，而后便在壁龛内安装了隐藏式灯带，借此来突显出走廊天花板不同寻常的建筑美感，与此同时，安装在走廊两侧的壁灯更进一步提高了走廊区域的亮度，其外形风格也增加了走廊空间的艺术气息。

◄ **来源于光线的分割艺术**

在这个走廊设计中，设计者首先在空间的天花板区加入了多个几何形态的吊顶设计，而后在走廊两侧的墙面上融入了对称的凹缝设计，最后便将散发白光的灯具安设在了吊顶及凹缝的隐藏区域，当光线映射在走廊区域以后，一条条光线在走廊的地面上呈分割状态，在丰富了灯光层次的同时，还为整个空间带来了一种充满个性特色的装饰艺术效果。

TIPS ►►

在一些人看来，五颜六色的灯光布置是装饰空间的一个捷径，但对于走廊区域来说，这样的灯光设计并不适合，当人们在五彩光线中走过时，会产生出一种不稳定的情绪。

➡ 满天星光

设计者在走廊的天花板处嵌入了无数个散发着白光的微型嵌灯，并且每个灯具的分布皆趋于一种自由形态，这些灯光创造出犹如满天星光的美丽景象。不仅如此，设计者还在走廊的墙面上安设了具有装饰性的画作，并在其上侧安装了用于强调式照明的灯具。

5.7 具有层次的楼梯间地脚灯

地脚灯，也可称为入墙灯，这种灯具一般被安装在墙面的最下侧区域或是一些特殊的建筑结构下侧，其通常是成组出现。在楼梯间的灯光设计中，地脚灯是最常用到的一种灯具，该种灯具不仅能够安装在楼梯间的两侧墙面之上，还可直接安装到台阶的立侧面上，从照明效果上来说，采用地脚灯来照亮每一层台阶，能为楼梯空间带来颇具韵律感的视觉层次。

↑ **经济实惠**

在这样一个略显狭窄的直线型楼梯间中，设计者在左侧墙面上安装了一组地脚灯，虽然每一盏地脚灯间均保留有一定的间隔，但却足以满足整个空间的用光需求，这样的灯具运用，不仅能节省能源，还能为居住者的日常用电省下一笔小小的开支。

↑ **均衡的节奏**

由于该楼梯区域的两侧没有可安装灯具的墙面，因此，设计者特意在每一层楼梯的立侧面安装了一盏小型地脚灯，整齐的灯具排列，为该区域带来了均衡的照明，同时也显现出一种重复的节奏韵律。

如果感觉仅仅是在楼梯区域中安装地脚灯来照明空间会稍显单调，那么不妨在走廊的空闲区域加入一些其他种类的照明灯具，但同时应注意控制灯具在楼梯间中的占有面积。

在实际设计中，你有没有仔细考虑过楼梯间的灯具开关究竟要怎么安装？如果所在的楼梯间为单层楼梯间，那么可将控制楼梯间所有灯具的开关安装在同一位置；反之，如果所设计的是多层楼梯间，那么最好将每一层楼梯间的灯具开关安装在每一层楼梯的平台区域。

◀ **两种格调**

在楼梯空间左侧扶手与墙面的间隙处，设计者安装了一组光源向上照射的隐藏式灯具，从视觉上带来一种利落的延伸感，随后，设计者又在右侧墙面的下方安装上了一组地脚灯来照明台阶，同时又为该空间带来了另一种柔和的光感。

TIPS ▸▸

如果你更青睐于在楼梯间的台阶上安装照明灯具，那么除了考虑使用地脚灯以外，还可试着在台阶平面上安装地面隐藏式向上射灯，当这种灯具出现在楼梯台阶上以后，同样能带来类似于地脚灯的节奏韵律，特别是当它出现在靠墙一侧后，可在一定程度上突出楼梯间的建筑结构。

5.8 与扶手平行的线型灯光在楼梯空间的运用

在前面的走廊区域照明设计中，已经对线型灯光进行了较为全面的概述与分析，在本节会将灯光设计重点放在线型灯光在楼梯间的照明运用上。

在常规的楼道设计中，扶手结构是一个必然的存在，在这时便可试着借助这一结构，安装一条与扶手平行的线型灯具，为楼梯空间提供稳定而实用的照明。除此之外，灯具的安装位置可在扶手的上中下任意位置，但其光照一定要能覆盖扶手区或楼梯台阶。

⬇ **简单流畅**

为了便于灯具的安装，设计者特意在墙面与楼梯扶手之间留下了一条缝隙，而后便将隐藏式灯带安装在了缝隙当中，当与扶手平行的暖色光芒透过缝隙洒向扶手区的墙面以后，显现出了一种简单而又流畅的照明效果，独特而实用。

5.9 开敞式楼梯间的独特灯光设计

所谓开敞式楼梯间，其实就是指一种没有扶手结构，并在楼梯两侧无墙面做依靠的简易楼梯，而正因为其所具备的这种特殊结构，使得许多灯具无法在这样的空间中安装，在这时，设计者便需要根据楼梯间周围的环境、台阶的结构，甚至台阶所用到的材质等多个方面，来选择合理的照明灯具。

对于开敞式楼梯间来说，光照是否充足往往会直接影响楼梯的安全性，因此，相对于其他类型的楼梯间来说，这种楼梯空间更需要充足的照明。

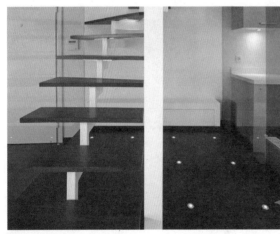

↗ 独特照明

在这个开放式楼梯的照明设计中，设计者将多盏小型射灯安装在楼梯正下方的地面上，并在每一盏灯具间均保持均衡的间隔，从而使光照区域稳定，当灯具开启以后，由下方向上投射的光线不仅为楼梯区域带来了足够的光亮，还突显了台阶的下方底面结构，展现出了一种独特的照明艺术。

Chapter

客厅空间的
照明设计

客厅是家庭的门面，是全家人的活动中心，也是接待亲朋好友的地方，使用的频率比较高。在为客厅配置灯具时，首先需要保证整个房间的总体照明，通常会在房间的中央配置一盏单头或多头的吊灯作为主体灯，主灯的选择会根据房间的高度、空间大小、装修风格等有不同的选择。

对于大户型的客厅灯光，主要是两个功能，一是实用性，二是装饰性。在实用性方面，客厅为家庭成员提供了日常生活中（如阅读报纸书籍、看电视、玩游戏等）适当的照明，主灯通常会选用与装修风格统一的大型吊灯，吊灯的设置往往根据沙发的位置，放置于客厅的中心位置，吊灯高度的设计同样与房屋空间的层高有关，如果吊灯摆放的位置过低，将给人带来压抑的感觉。

在装饰性上，设计时需要考虑如何让客厅的灯光达到蓬荜生辉的效果，大户型客厅吊灯的选择面是比较广的，链吊式、管吊式或吸顶式灯具等都适合大户型的客厅灯光。

大户型的客厅相对空间较为开阔，在设计方面更有发挥的空间，不管是背景墙、沙发墙、装饰墙或是壁炉等方面的设计通常都能够在大户型的客厅中体现出来。这就需要用到更多的辅助灯光来加强客厅的装饰效果，辅助类的灯光包括壁灯、台灯、射灯、落地灯等组合。

而中小户型的客厅设计选用灯光时，需要考虑到空间的大小及风格的设定，稍小面积的客厅，摒弃掉奢华的吊灯，选用造型精美的吸顶灯作为主灯也是一个不错的选择。

在一些客厅设计中，选择彻底放弃主灯，选择辅助性的灯光来营造更不一样的客厅氛围，同样为现代的设计者所推崇。

6.1　提供客厅空间充足的光源

　　在前面的基础知识部分，我们已经提到了，在客厅区域中灯光的整体照度值应当保持在较高水平，因此，如非必要，对大多数家庭来说，让客厅空间具有充足的光源是十分必要的，它可以通过组合式灯具或大型灯具照明得到。

◄ 气氛的渲染

中小面积的客厅由于空间的局限，客厅的灯光通过射灯、落地灯等组合的方式，在满足充足照明的同时为客厅空间更增加了一丝暖意，使用低电压聚光灯能够集中突显沙发位置，而落地灯的运用为局部照明提供了帮助。

◄ 有序的组织

大面积的客厅，需要有一定的待客量，组织有序的沙发与茶几，使其呈错落且对称的分布，在沙发的两端摆放台灯，典雅中带有几分规矩，对称的布局让整个客厅显得高贵典雅，中心位置的水晶吊灯既融入了圆顶吊顶空间，又与地面的中心装饰图案相互辉映，尽显大气。

◺ 重点的突出

层高较高的家居空间让整体的立面呈现较为空旷的效果，选择一组精美大气的水晶吊灯就非常有必要了。涂上黑漆的花枝型传统大型吊灯与简约的室内装饰形成充分的对比，顶棚中间格状的射灯设计与水晶灯呼应成趣。

TIPS ▶▶

　　大型吊灯固然美丽，但在日常生活中的保养需要注意，吊灯的日常保养方式分为两种：其一是切断电源，架设升降工作台，对灯具的各个细节部位进行擦拭；其二是请专业人员将灯具取下，进行保养程序后，再重新安装。

如果你所设计的客厅面积不是特别宽广，且居住者不需要长时间在该空间内阅读，可考虑选择一款光源充足的吊灯来点亮客厅。除此之外，如果你对客厅的用光要求相对考究，那么可考虑用实用性灯具来保证空间光源的充足，并加入一些适当的装饰性照明。

← 一盏吊灯

这盏由多个光源所构成的吊灯，极具现代化特色，当它出现在这面积不大的客厅中时，俨然成为视觉焦点般的存在，不仅如此，其本身的多光源设计，更是为客厅带来了充足的光照，加之客厅区域中大面积的落地窗设计，将明亮的自然光线也一同引入了室内。

↑ 实用与装饰并重

安装在天花板横梁上的多盏射灯，虽然没有为整个空间带来什么装饰性，但却发挥了极佳的实用性照明功能，并配合放置在单人沙发之间的落地灯，保证了客厅区域的充足光照，与此同时，放置在茶几上的三盏烛台，则起到了装点空间的作用。

6.2　客厅背景墙的突出照明设计

在客厅设计中，客厅背景墙往往会成为设计师们重点关注的对象，他们会通过一些独特的设计手法，赋予墙体鲜明的个性，从而起到较强的装饰作用，而该区域的灯光布置，也是设计的一个关键性步骤。

在通常情况下，我们将电视背景墙与沙发背景墙共同称为客厅背景墙，除此之外，一些设计师可能会单独选择一面墙体作为客厅背景墙，并对其进行重点设计，但如果从灯光的角度来说，在大多数情况下，背景墙的照明设计一定具备突出的视觉效果，常用照明灯具以聚焦能力较强的直接型灯具或一些隐藏式光源为主。

↑ 突出的陪衬

当电视机位于电视背景墙的中心区域时，将光源设定在电视机的两侧，不失为一个好的选择。将两组嵌灯分置在电视墙两侧最上方，将光源打开，电视机的两侧区域笼罩在一片明亮的光芒当中，以一种颇为突出的视觉效果，演绎出完美的陪衬角色。

← 均衡短光

开放式的客厅设计，将餐厅与客厅紧密地联系在了一起，为了加强两个区域的关联性，设计者将两个区域的墙面进行了统一化设计，在灯具的选择上，则选用了光线较短的射灯组来照明墙面，以均衡的照明排列方式，带来连续的视觉效果。

← 柔和的渐变

如果你觉得射灯类的光线过于强烈，那么就为你的电视墙选择一款光线柔和的隐藏式光源吧！在狭长的电视墙区域中，墙面上方的凹缝处被安装了一条散发着白色光芒的隐藏式灯带，并且光线从上至下，逐渐变弱，显现出了一种极为细腻的灯光层次。

TIPS ▸▸

在电视墙的上方安装隐藏式灯带，其光源色的选择可根据墙面的本色而定。例如，在上一个案例中，设计者为白色的墙面选择了一款白色的隐藏式光源，这样的设计，让人感觉到光芒仿佛是由墙体自身所散发出来的；同理，右图中的电视墙照明，便选择了与石墙背景色近似的暖系照明光源。

在电视背景墙的灯光设计中，还需注意一个要点，就是尽量不要在电视机的周围设置强光，如果采用射灯类灯具照明，需留下适当距离。

↑ 双功能照明

两盏造型独特的吸顶灯为客厅的天花板带来了一抹不一样的光彩，除此之外，沙发墙的灯光处理便成为设计重点。从灯具的选择上来看，设计者仅用到了两盏嵌灯，但由于嵌灯刚好位于沙发的上侧，因此，由嵌灯所投射出的光芒，除了为后方颇具艺术感的石墙带来醒目而突出的照明以外，同时也为下侧的沙发区域带来更加明亮的光照。

← 特别的艺术照明

在沙发后侧的洁白墙体上，一幅融合了现代气息与水墨古韵的装饰画成为最为醒目的存在，为了进一步提升墙面与画作的艺术质感，设计者特意在其前方的天花板处安装了一排直线型导轨灯，使其带来犹如艺术长廊般的照明效果，不仅如此，设计者通过调节最左侧那一盏导轨灯的照明方向，将其中一缕光线带到了沙发的前方区域。

← 独特的墙面壁灯

在客厅区域的沙发墙设计中，设计者首先以白色墙面结合故意做旧的红砖墙体，展现出了一种别具特色的混搭精神，不仅如此，其最为出彩的地方，当属墙面上安装的一款大型壁灯，先不论其光效如何，它的存在，就已经让墙面拥有了极为突出的视觉效果。

← 呼应的照明

设计者在沙发墙的最上方与电视墙的最下方，分别安装了一组隐藏式光源，这种看似简单的客厅背景墙照明设计，大幅度提升了整个客厅区域的视觉纵深感，不仅如此，上下呼应的照明处理，从视觉上提升了整个客厅区域的整体性，显现出了设计者独到的用心。

← 锁定主题

如果在客厅中选择一面独立的墙体当作背景墙进行设计，那么能够点明主题的强调式照明便是必不可少的。在左图中，一眼望去，你首先注意到的一定是那堵充满艺术气息的装饰墙面，为了抓住人们的视线，设计者特意在其上方安装了两盏嵌灯用作重点照明，从而直接锁定了该面墙体的设计主题。

6.3　提供阅读的落地灯设计

　　在客厅区域中，人们除了进行正常的休闲活动以外，在某些时候，还会进行一些适当的阅读，因此，为了满足居住者的这一需求，许多设计师会在客厅的适当位置安装一盏可供阅读的落地灯。市面上售卖的落地灯种类繁多，我们在选择灯具时，应遵从实用性原则，而非装饰性。

↑ 低头的灯光

在米色沙发与白色窗帘之间，一盏银灰色的金属落地灯照亮了其下方沙发区域的右侧，微微弯曲的灯臂，好似一个站立的人正垂首而立，与此同时，由摆放在沙发后侧的两盏球形落地灯所散发出的微微暖光，更为素洁的室内平添了一份情感。

← 专注的光照

同样是在沙发的一侧安装落地灯，只不过出现在左图客厅中的落地灯是由沙发后侧向前方区域投射光线，圆柱形的灯罩让光线显得更加专注。

↑ 独特的双光源设计

在这一处客厅空间中，设计者选择了一款样式独特的双光源落地灯，作为局部照明，仔细观察，这盏位于沙发后侧的落地灯，其右侧的光源恰好为其下方的单人椅区域提供了照明，使得该区域更加适合于阅读，而另一侧的直立式光源，则为沙发区带来些许光亮。

➡ 伸长的灯臂

如果你在客厅中所选择的阅读区，一般的落地灯光源无法到达，那么就试着为它选择一款拥有长长灯臂的落地灯吧。在沙发的后侧，增设一盏灯臂可调节的落地灯，让长长的灯臂将光源带到沙发拐角处的阅读区，不仅如此，该款灯具无灯罩的设计，更是扩大了灯具的光照范围。

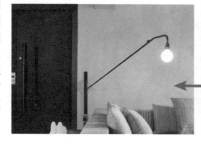

在众多落地灯具中，钓鱼灯属于最适合用于客厅区域阅读用光的一种灯具，其抛物线形态类似于钓鱼竿，故而得名。

↑ 钓鱼灯的妙用

在本案例中，设计者将一盏落地钓鱼灯放置在了沙发的一旁，其所散发出的光线足够保证两人座的沙发拥有正常的阅读照明，与此同时，钓鱼灯本身所具有的现代化风格，十分符合其所在的现代化客厅空间。

TIPS ▸▸

在客厅中使用钓鱼灯，不仅适合于阅读区的照明，还被人们广泛用于茶几区域的照明。利用钓鱼灯长长的灯臂，将照明光源牵引至茶几的上方区域，便可获取较佳的区域性照明作用。

由于现今市面上所售卖的钓鱼灯大多数为简约的现代风格，因此，不太适合于纯古典风格的室内空间中。

6.4 台灯在客厅照明中的运用

　　除了落地灯以外，台灯也是客厅照明中的常用灯具，只不过与阅读功能较佳的落地灯相比，台灯更加适合用于装点空间，或者是用于普通的区域性照明。

　　由于台灯的安设往往需要底座支撑（例如边桌等），因而其常常出现在沙发的拐角处等区域，除此之外，如果客厅中的电视柜留有足够空间，那么电视机两侧的位置，同样也是不错的选择。

↑ 转角处的台灯

在单人沙发与双人沙发的夹角区域，设计者为其选择了一款台灯用作照明，其主要目的是为了让两侧区域皆获取一定的照明光源。除此之外，如果将客厅的主灯关闭，并同时将台灯开启，这种转角处的灯光设计，一定会使其成为极为出众的存在。倘若你仔细观察这款台灯的陶瓷底座，就会发现，其表面的花纹与沙发的纹理极为近似，使整个室内设计更加精美。

↑ 适当的位置

由于客厅中的座椅组合较多，为了让每个座椅区域都获取相对均衡的照明，设计者在整个客厅区域中一共安装了三盏台灯，并通过将它们放在适当的位置，使其发挥出应有的照明功能。

TIPS ▶▶

当客厅空间需要多盏照明台灯时，最好使用相同的灯具款式，如果你觉得这样会显得缺乏新意，可以选择风格一致、款式不一的台灯组合。如若不然，就会让整个客厅显得十分花哨。

↑ 台灯与落地灯的配合

由于整套居室的面积相对较小，因此设计者仅在客厅中排放了两张单人沙发，但即使在这样的情况下，设计者仍然为其选择了两款照明灯具，一盏落地灯供居住者阅读，而另一盏小型台灯则带来了基本的区域照明，这样的设计，让小小的客厅一角具有多样的功能。

➜ 对称的平衡

在沙发两侧的台面上，放置两盏同款的照明台灯，便可为该区域带来较为实用的照明效果。如果从形式美的角度上来看，这种基本对称的灯具设计与沙发构成更显现出一种符合大多数人审美的平衡之美。

TIPS ▸▸

在沙发的后侧安设台灯，并不需要过于明亮的照明，最好选择灯罩由半透明材质所制成的灯具，可避免刺激性光线给靠坐在前方沙发上的人们造成不适，还可渲染出一种较为舒适、柔和的光影层次。

↑ 代替沙发背景墙

在大面积的客厅区域中，设计者通过沙发围合的设计方式，构建出一块相对集中的休闲区域，但由于沙发没有靠墙而立，会显得相对空旷，为了改善这一情况，设计者特意在沙发的后方加了一张长桌，并在其上方安设了两盏同款台灯，同时在中部区域摆上些许装饰品与烛台，借此代替沙发墙的装饰功能及照明功能。

6.5 根据客厅风格选择配套的照明灯组

在众多室内空间中，客厅应当是最注重装饰性的一个区域，并且设计者对客厅的整体风格设定也相当注重，因此，在为客厅选择灯具时，最好将客厅风格作为灯具选择的衡量标准。

除了从风格角度来选择灯具以外，还可试着选择配套的灯具组合来点亮客厅区域，这样会让人觉得整个灯光设计更具有整体性，要避免选用多种灯具样式给客厅空间带来混乱的视觉。如果所设计的客厅空间需要多盏照明灯具（通常指五盏及以上灯具），可适当加入其他类型的灯具来丰富视觉效果，但整体风格基调应保持不变。

↑ 古典的风情

整个室内空间由低纯度的棕褐色调所铺就，并配上大面积的木质元素运用及一些故意做旧的沙发与地毯，让整个客厅笼罩在一种颇具历史感的古典气息当中，与此同时，设计者特意为客厅选择了一组配套的吊灯与壁灯，来作为该空间的主要照明光源，该组灯具是由铁架作为灯具的主体结构，并搭配颇具文艺感的经典国王形灯罩，使之十分契合整个客厅的古典风情。

← **怀旧是一首浪漫的诗**

大量的碎花元素与暖性的复古色彩，让整个客厅沉浸在一种浪漫气息的怀旧氛围中，与此同时，为了让这种情感氛围更加浓郁，设计者为其选择了一套蕴藏着怀旧与浪漫风格的复古烛形灯。

TIPS ▶▶

出于安全角度考虑，如果你选择烛形灯来作为照明灯具，并且需要长时间开启，或者是大面积使用，那么最好选择以电光源作为发光源的烛形灯具。

↑ **淡雅的欧式情调**

将欧式建筑的特色融入客厅天花板、墙面及隔断的设计中，从而奠定了基本的欧式风格，在此基础上，淡淡的蓝色调成为整个空间的主要色彩基调，让整个欧式风格趋于淡雅。在灯具的选择上，我们视线所及之处，仅出现了同款的两盏壁灯与一盏吊灯，这组灯具的造型同样具备欧式古典特色，并且仅由黑白两色所构成，其中又以白色居多，这也恰好为客厅空间带来了一抹纯洁的气息。

6.6 客厅中突出视觉焦点的照明设计

不论客厅空间是大是小，都需要在其中寻找到一个突出的视觉焦点，这样才能让客厅在视觉上更具形式美感。客厅中的焦点设定可通过多种方式，例如色彩搭配、材质反差等，这里我们主要是从照明设计的角度来赋予客厅突出的视觉焦点，其主要设计方式，除了适当提高焦点照明的亮度以外，还可结合转角设计手法。

↑ 转角灯光

从结构上看，空间的转角处具有一定的视觉收缩功能，由此可见，墙面的交汇处应当是设置焦点照明的较佳区域。将一盏上下开口的落地灯安装在客厅墙面的转角处，并结合上下光线的照射，可在第一时间收获人们的关注。

➜ 半空中的焦点

在右图中，设计者以嵌灯与壁龛灯来构建天花板照明，虽然让整个客厅区域获得了较为明亮的照明效果，但却不具备焦点性的视觉效果，整个室内空间中的家具也不具备任何出挑的视觉效果，为了改善这一情况，设计者在空间转角处安装了一款多光源吊灯，虽然这款灯具的实用性照明功能并不明显，但是却足够引人注目。

6.7 增强客厅空间的灯光层次

在众多室内区域中，客厅空间所需灯光层次应当是最多的，当然这并不是说，客厅需要大量的实用性照明，而更多是为了通过这种丰富的灯光层次来美化与装点客厅空间。

如果你想通过增强客厅空间的灯光层次来获取出众的视觉表现力，那么最好将灯光层次控制在四到六层左右，当然，如果你的空间足够高挑，可在此基础上适当增加灯光层次，与此同时，每一种灯光层次其实都存在着不同的表现方式，具体的设计方案需根据实际环境的构造来定。

↑ 全面覆盖的五层灯光

从上至下分析，两盏大型吊灯是客厅的第一层灯光，而后的两排壁灯，让空间同时获取了二、三层照明灯光，随后将视线转移到沙发的后方，那一对台灯便是第四层的照明光源，最后，由壁炉所映射出的自然火光便是客厅的第五层照明光源，这种将光照从空间的最上方带到空间最下方的照明方式，形成一种全面覆盖的光照效果。

↑ 注重上方照明的五层灯光

客厅中的天花板区域，便占据了整个空间的三层照明灯光，它们分别是嵌灯、天花板壁龛灯及吊灯，而位于高处的一盏安装于壁龛内的射灯，是相对简约的第四层灯光。最后，空间的第五层灯光是由放置白色装饰品的壁龛内所安装的射灯与单人座椅旁的落地灯所构成的，由此可见，该区域的五层灯光设计，将照明重点放在了灯光的中、上方区域。

➡ **并然有序的六层灯光处理**

图中的客厅采用双层吊顶设计，通过在吊顶内部安装隐藏式光源来取得本空间的第一、二层灯光，而后在第二层吊灯表面安装带来第三层照明的嵌灯组，其次设计者在落地窗上方的横梁上安装了一排嵌灯，使之成为第四层灯光照明，与此同时，安装在沙发正上方的左右两组嵌灯，便照射出了第五层灯光，在这样并然有序的灯光层次布置中，转角的落地灯成为引人注目的第六层照明灯光。

⬇ **氛围营造**

客厅氛围的营造，可通过增加客厅区域的灯光层次来获取，设计者首先在天花板上安装作为基础照明的第一层灯光——嵌灯组，而后在壁炉上方平台处添加一组颇具情调的蜡烛灯饰，为空间带来第二层照明，同时在壁炉平台的下侧安装两盏富有戏剧感的嵌灯照明，来构建第三层灯光，随后，两盏用作局部照明的台灯组便映照出了空间的第四层灯光，最后的第五层灯光，设计者是通过一盏光线柔和的落地灯来获取的，这也进一步提升了整个客厅的情调与氛围。

6.8 彩光在客厅中的妙用

随着现代人们接受新鲜事物能力的增强，许多人除了在室内空间中使用传统的日光色、暖黄色作为照明以外，还会试着加入一些其他色彩的灯光，这样一来，往往会给空间带来一份微妙的情感及精致的看点，而注重装饰美感的客厅，便是一个使用彩光的绝佳区域。

与传统的光源色相比，彩光的显色性极差，因此，在实际运用中，只可以小面积运用，或者是仅仅用于装饰的区域，例如背景墙等。

TIPS ▶▶

在条件允许的情况下，可试着为彩光灯具选择一款调光器，这样一来，居住者便可根据自身喜好或环境因素等，来自行调节彩光的亮度。

➔ 紫调情怀

在固定式电视柜的下方，设计者安装了一条隐藏式灯带，其所散发出的紫色光影在地砖的反射下显现出了颇具情调的浪漫气息，并且这种彩光光色与电视柜上所摆放的装饰花卉在色调上也形成了呼应。

在前面两个案例中，设计者在选择彩光时，主要将重点放在呼应式的设计上，这种处理方式可在一定程度上加强整个空间的关联性。除此之外，我们还可结合客厅的整体风格来选择所需要的彩光光色。

↑ **流动的精灵**

在上图的客厅设计中，设计者在空间墙面上开辟出了多条缝隙，并且在缝隙处安装了多条蔚蓝色调的缝隙灯，这样的灯光设计给人一种光线在空间中任意流动的感觉，如精灵般灵动，蔚蓝色光影与沙发在视觉上也互为呼应，形成一种整体且出挑的视觉效果。

↑ **男性化居室用光**

整个客厅以大面积的无彩色铺就，加上少量的深蓝色运用，使得整个空间显现出一种冷硬的男性化气息，但为了给空间带来少许生气，且不破坏整体风格，设计者便在客厅墙面的缝隙间安装了散发着淡淡绿调光的隐藏式光源，为整个客厅带来一份惬意、一丝轻盈。

Chapter

7

厨房空间的
照明设计

　　在一套完整的居室中，厨房占据着不可动摇的地位，它的存在意义主要是为了给居住者提供用于烹饪的空间，厨房相当于人们在日常生活中的一个工作间。

　　在中国人的传统观念中，厨房是主妇们的天地，因此，在对厨房区域进行设计时，设计者往往需要将主妇的需求放在首位，除此之外，在灯光的设计上，更需要从实用性与安全性的角度出发。

　　在大多数家庭中，厨房所占面积通常不大，中小型家庭的厨房大约为5m²左右，大型居室或别墅型住宅，其厨房大约在8m²左右。除此之外，一些家庭采用开放式厨房，其面积可能更大一些，因此，在厨房区域的天花板上安装顶灯或嵌灯不失为一个好的选

择，这样既可节省空间，又可获取较好的照明效果，但同时一定要保证灯具或灯具组具备较高的照度值，只有这样才能使厨房具有充足的光线，确保人们在烹饪过程中的安全性。

如果你认为简单的顶灯或嵌灯设计便是厨房灯光设计的全部，那就大错特错了！在厨房中，为了方便居住者进行洗涤、配餐等工作，还需配以适当的局部照明，而这也是厨房灯光设计的一大重点。

在条件允许的情况下，应尽量在厨房空间中开设一扇窗户，这样既可有效地利用自然光源，又能保证厨房的空气流通。除此之外，一些结构性灯光的运用，还可为整个厨房增色不少。

7.1 灯光的基础照明设计

　　本书前面已经略有提到，为整个厨房带来基础照明的天花板灯光最好采用顶灯或嵌灯的设计，但是在实际的设计过程中，即使采用顶灯（嵌灯）照明，也具有不同的灯光布置形式，它既可以是一盏简单灯具带来的照明，也可以采用组合式的灯具布置，但后者更能体现出灯光设计的专业性及实用性，除此之外，如果你觉得顶灯与嵌灯过于普通，那么导轨灯也是一个不错的选择，但同时我们也应注意合理控制厨房区域天花板灯光的亮度，使其既明亮，又不会过于刺眼，并且最好不要使用磨砂灯具。

↑ 简单而明亮

从空间的整体装潢上来看，本套居室的厨房区域呈现出的是一种现代简约风，因此，为了让照明灯具与室内风格相契合，设计者特意选择了简单的固定式嵌灯组作为照明灯具，这样既不会破坏整体的简约风格，又达到了明亮照明的效果。除此之外，如果仔细观察你会发现，即使整个天花板只用到了三盏嵌灯，这三盏嵌灯的分布也是独具匠心的，设计者在靠近料理台的一侧安装了两盏嵌灯，在就餐区域的上方仅安装了一盏嵌灯，而这也是依据人们对料理操作区的灯光亮度要大于就餐区而制定的设计方案。

← **均衡的组织**

将 LED 面板灯与嵌灯灯具以基本对称的形式分布在厨房的天花板上方，为下方的操作区域带来均衡且不失明亮的光照，与此同时，白色的光源设置，更是让下方的白色家居显得干净而纯粹，整个光源布置不失为一个成功的基础光照设计。

TIPS ▶▶

一个漂亮的灯具固然能为房间增加看点，但对于厨房区域的照明灯具来说，功能性应当放在首位，但选择灯具时，最好选择外壳材料不易氧化和生锈的灯具，或者是表面具有保护层的灯具。

➡ **明确的布局**

该厨房区域的照明是由一排嵌灯与一个简洁的矩形吸顶灯所构成。从灯具的安装位置上，我们能看出设计者独到的用心，那一排嵌灯组被设计者有序地安排在厨房过道上方的天花板处，其主要是为了给内侧的操作区提供照明，而矩形吸顶灯则被安装在外侧操作台上方的天花板处，其照明对象就是下方的操作台，这样简单而明确的基础照明布局便完成了。

← 灵活的天花板灯光

在这间充满个性化色彩的开放式厨房中，设计者为其选择了一款白色导轨灯作为基础照明光源，由于每一个导轨灯具都具有可调节功能，因此，设计者便通过调节导轨灯具的照射方向，让其能够为下方操作区域提供更加合理的照明，这种灵活的灯光设计在现代化的厨房设计中得到了广泛应用。

→ 考究的灯具

同样是使用导轨灯作为基础照明灯具，但在为该厨房区域选择导轨灯时，设计者考虑到灯具与环境的协调问题，因此，特意选择了一款风格古雅的导轨灯来搭配整个厨房的古典风格。银色的金属导轨与下方橱柜及台面区域的银灰色调相互呼应，这一切都不得不让你惊叹于设计者的细密心思。

7.2 操作区的用光要求

　　作为整个厨房的核心区域，操作区（又可称为料理台）的灯光布置需要我们花上更多的心思，但不论怎样设计，明亮的光照就是操作区的基本用光要求。在通常情况下，可将厨房中的操作区划分为两大类，一种是具有隔断作用处于外侧的独立式操作台；另一种则是一面靠墙，且上方往往安装有壁橱的常规型操作台，虽然同属于厨房操作区域，但这两种操作台在用光方面却存在很大区别。

未开灯效果

← 近距离光照

由于独立操作台的四周没有任何墙面可供安装灯具，因此，吊灯便成为该区域的最佳光照设备，与此同时，为了保证操作台面的光照足够充分，设计者便为其选择了一组加长型吊灯，并依次排开，使光源与台面保持相对接近的距离，使得柔和的光线能够均衡而柔和地洒满料理台。

← 一盏简单的灯

如果觉得灯具组的安装太过麻烦，那么就选择一款简单却不失功能性的灯具吧！在厨房独立式操作台的上方，设计者仅用到了一款简单的矩形吊灯为其提供照明，与前面案例中提到的矩形吸顶灯相比（7.1 中的案例），虽然它们的外形相似，但这种线吊式的灯具，更加能为料理台提供充分的照明。

← 自然与人工

在下面这间厨房操作区的灯光设计中，设计者便用到了自然与人工两种光源。大面积的窗户区域，让户外光线照亮了靠窗一侧的操作台，其上方天花板区域所安装的嵌灯，便保证了该区域晚间的基本照明，而位于厨房中央区域的独立式操作台采用了人工光源——加长型吊灯组作为照明设备。

→ 功能与个性的结合

在该独立式操作台的上方，设计者安装的这一款吊灯，便将功能性与个性化色彩完美地结合在了一起。宛如一个巨大蜘蛛脚的黑色吊灯，不仅保证了下方操作台的光照，同时也将光线带到了操作台的四周，与此同时，虽然整个吊灯外形看上去十分复杂，但由于周围环境趋于简约，因而不会给人混乱感。

◄ 巧用固定式嵌灯

由于大多数常规型操作台的上方安装有壁橱，因此，为了更好地给下方操作区提供光照，设计者通常会将灯具安装在壁橱的底面或壁橱与墙面的边角处。在黑色壁柜的底面，一盏盏排列匀称的小型固定式嵌灯，便成为这长长操作台的主要光照来源，这样的灯光设计，既满足了操作台的光照需求，又使得操作台内侧墙面在嵌灯的映射下，显得艺术感十足，并且设计者还将这种灯光带到了最上方的橱柜区域中，从而进一步提升整个厨房的品位。

↑ 恬静的隐藏式照明

在常规式操作台的灯光设计中，隐藏式灯带也是运用最为广泛的一种灯具。设计者将一条散发着柔和白光的隐藏式灯带安装在壁橱与墙面的下方夹角处，使之所发出的光芒能照射到操作台的每一寸区域，而其白色光芒配合白色调的操作区域，更为整个厨房注入了一股恬静的情感。

← 灯光与环境的融合
设计者为图中的厨房空间选择了一款有色隐藏式光带，作为常规式操作台的光照来源，其所散发出的黄橙色光芒与整个环境的暖系色调极为契合，这样的处理，不仅让整个空间散发出统一的色彩情感，同时也获得了良好的光照效果。

➡ LED 面板灯
在壁橱下方安装的 LED 面板灯，让该区域在整个厨房中显得极为出彩，并且其所散发出的淡淡暖光让下方的操作台获取了十分均衡的照明效果，配合操作台正上方天花板处的矩形面板灯照明，使得该区域的光照更加充分。

TIPS ▶▶

　　当你选择LED面板灯作为常规式操作台的照明灯具时，由于灯具与下方的操作区极为接近，因此，最好不要在烹饪区（如燃气灶）的上方直接安装面板灯，以避免煤气或烹饪时所产生的水蒸气直接熏染灯具，造成灯具损坏。除此之外，还有很多灯具都不适宜安在此处。

7.3 灯具与厨具的结合

在现代化的厨房设计中，许多设计师秉承一种多元化的思想，采用不同的方式将灯具与厨具相结合，让同一件物品具备多样化的功能，这样的设计，不仅能起到节省空间的效果，还能让厨房的整体光源布置显得更加灵活。

在以往的厨房灯光设计中，一直存在着这样一个难题，如何为烹饪区提供合适的灯光？在之前我们已经提到了，最好不要在烹饪区的上方直接安装灯具。从安全性角度看，在整个厨房中，该区域是最需要明亮照明的地方，为了解决这一难题，设计师们想到了将安装在烹饪区上方的抽油烟机与耐高温、防腐蚀的灯具相结合，这样一来，所有难题都迎刃而解了。

除了将灯具与抽油烟机结合以外，许多设计师还会根据厨房的实际需求，设计出能与灯具相结合的厨具，但这往往需要单独定做。

↑ 多功能的体现

LED 嵌灯是抽油烟机上最常见的照明灯具，在抽油烟机的底面四角处，安装了四盏同款的 LED 嵌灯，从而以一种看似分散，但实则包围的光源分布形式，为下方的烹饪区提供照明，并配合抽油烟机最主要的吸油烟功能，完美体现出这款厨具所具备的多功能特性。

← **对称的双排照明**

由于图中抽油烟机的体积较长，单纯的四角式光源分布，已不能满足人们对其下侧区域用光的实际需求，因此，设计者特意选择了形态对称的双排式照明结构来覆盖下侧的烹饪与操作区域，整个设计可谓一举多得。

↓ **集中而均衡的单排照明**

单排的照明光源分布，还适合于立式抽油烟机的灯光设计。在通体黑色的立式抽油烟机上侧，安装一排分布均衡的 LED 嵌灯，使之刚好位于下方烹饪区的中央上侧，这样一来，便可为该区域带来集中且不失均衡的照明效果。

↑ **前侧单排设计**

由于抽油烟机本身的形态局限，该款抽油烟机底部所预留的位置仅够一排嵌灯的安装，但是这基本不影响下方烹饪区域的用光需求，并且在通常情况下，单排光源一般会安装在抽油烟机的前侧，而这款抽油烟机也做到了这一细节。

◀ **高度契合的灯具结构**

薄款抽油烟机从视觉上便给人留下一种简练的印象，为了不破坏这份简约感，设计者采用了高亮节能灯管作为抽油烟机的电光源，并采用半透明材质包裹在灯管外围，让光线不会显得过于刺眼，并且这种外围材质与抽油烟机的机身做到了高度的契合，浑然一体。

TIPS ▶▶

在本页所列举的两个案例中，均以一种独特的方式让灯具与厨具结合在了一起，但它们却同时存在一个相同的问题，便是厨具内的光源损坏后不便于替换，它们皆需要专业人士拆除其外壳后，再替换电光源。

◀ **照明与储存功能的融合**

为了增加居住者的储存空间，设计者甚至连天花板也利用了起来，在独立型操作台的上方，设计者采用了结构坚固的金属材质，制作了一款悬挂式的矩形面板灯，使之为下方区域提供充足照明，与此同时，由于灯具上方表面与天花板留有一定距离，因而便建立了一个单独且容量颇大的存储空间，这种巧妙的设计，实现了照明与存储结合，堪称一款完美的厨具设计。

7.4 突出厨房陈列的结构光

提及厨房陈列区，人们脑海中所闪现的第一物象元素往往便是不同类型的陈列橱柜，没错，就是橱柜！阅读至此，你可能会问，橱柜与灯光设计究竟存在什么关系？橱柜的主要功能是存储，何必多此一举为它安装照明灯具？其实，对于追求细节美与高品质生活的人们来说，对厨房陈列区域的灯光设计是不可或缺的一个重要环节。

为了提高厨房的品质感，可以试着在橱柜中加入一些结构性的重点照明灯光，让橱柜中的陈列物也获取如艺术品般的待遇，当然，要保证这些陈列物足够精美。

↓ 根据隔板材料确定灯具类型

透过白色橱柜的玻璃门我们可以看到，其内部隔板是由透明的玻璃材质所制成，因此，设计者仅需要在橱柜内部的最上侧安装照明嵌灯即可，其所散发出的光线，可透过一层层的透明玻璃到达橱柜的最下方，并通过玻璃隔板的反射与折射，让内部光效更加璀璨。

↑ **多层照明**

用于储存酒类饮品的陈列区，采用了不透明材质作为隔断，因此，设计者特意在每一层陈列区的后上方处安装了一条隐藏式光源，从而形成了一种多层照明的格局，不仅如此，由于照明光线由里至外，逐渐减弱，从而使得橱柜中的光线在一排排瓶身上，显现出微妙的层次感。

TIPS ▶▶

为厨房陈列区添加结构性照明以后，为了突出其照明效果，通常会采用透明玻璃来制作橱柜门，或者是直接采用无柜门设计，除此之外，还可以考虑选择透光性较佳的玻璃材质来制作橱柜门，让光线从内部投射而出时，为厨房区域带来一份别样的情调。

↑ **强调结构，突出陈列物**

在四格对称的橱柜内部，安装四条隐藏式灯带，其所散发出的线形光芒，不仅对橱柜的内部结构进行了强调，还让其中的陈列物获取了一种重点照明效果，并且当暖调光线投射在橱柜内部所陈列的各种玻璃制品上以后，折射出水晶般璀璨的光彩，让人目不暇接。

7.5 料理台下方的气氛照明

在7.2小节中，我们已经对厨房料理台（即操作区）的用光需求进行了较为详尽的讲解，而这一切基本是基于实用性的角度出发，当你的预算足够充足或是想为厨房带来些许不同的风景与氛围时，不妨在料理台下方的用光上玩点花样吧！

从结构上来划分，料理台下方又可分为封闭式与半封闭式两种。其中，半封闭式多用于独立式料理台的设计中。

↑ **柔和的情调**

在许多开放式厨房的设计中，设计者会将独立式料理台的一侧设计为一个简易就餐区，并且为了便于人们就座，设计者通常将料理台简易就餐区的一侧下方设计为半开放式，如图中所示。在该料理台的照明设计中，设计者将料理台半开放的一侧下方添加了一种犹如面板灯的照明形式，当白色的光线透过半透明的立面材质缓缓地洒向前面的高脚椅与地面时，一种柔和的情调荡漾在了整个就餐区域中。

← 渲染与呼应

将隐藏式线形光源安装在半封闭式料理台的下侧上边角处，能够为整个厨房冷硬的装修风格带来一抹柔和与温情，渲染出别样的氛围。除此之外，设计者之所以选择黄橙色的线形光源，主要是为了与料理台上方的吊灯、窗户两侧的壁灯及天花板上的嵌灯从光色或配色上相呼应，只不过吊灯内壁所显现出的橙色纯度更高，这正好让厨房区域显现出更加丰富的层次感。

TIPS ▶▶

　　通过本节前面的两个案例，我们主要将半封闭式料理台的用光作为讲解重点，其原因是这种料理台更适合于氛围照明，但除此之外，如果光源选择恰当，封闭式料理台也能为厨房带来另一种别样的视觉风情。

　　在封闭式料理台的最下方，安装线形隐藏式灯带，能够为空间注入一份神秘的气息，除此之外，还可选择地将脚灯安装在不需要开门的料理台下方，使其为前方区域提供一种氛围照明及引导照明。这里所提到的两种照明方式，也可用于半封闭式料理台的下方照明设计中。

7.6 感受不同的厨房灯光层次

在大多数人眼中，所谓灯光设计，就是为空间选择一款或多款合适的灯具而已，但却忽视了对空间灯光层次感的表现，就以厨房区域为例，当我们对厨房的灯光层次进行设计时，需要结合厨房的整体风格、面积大小及厨房本身的结构等方面进行考虑。

在通常情况下，会根据灯具的高度来划分室内灯光的层级，而在一些特殊的情况下，光线的强度也可作为一种划分依据。

简单的两层灯光

如果设计者所追求的是一种干练利落的厨房风格，或者是出于成本的角度进行考虑，那么简单的两层灯光设计便是最佳选择。以多盏单光源与双光源固定式嵌灯来铺设天花板，以此作为厨房的第一层灯光，并同时在传统型操作区的上方安装隐藏式光源来作为厨房的第二层灯光，这种看似简单的设计，其实已经满足了整个厨房的主要用光需求。

➡️ **注重局部与整体的三层灯光**

安装在天花板处的两盏嵌灯，让整个厨房拥有了基本光照，而安装在独立料理台上侧的三盏吊灯，为下方的局部区域带来了光照，同时也成为本空间的第二层光照，在此基础上，安装在壁橱下方的隐藏式光源，为下侧的就餐区带来了明亮的第三层局部光照。

⬅️ **分明的三层灯光**

结合左图与上图可以看出，在本套厨房的灯光设计中，设计者首先在天花板处安装了一盏嵌灯作为基础照明的第一层灯光，并在空间的中部区域（即壁橱下方）安装带来第二层灯光的隐藏式灯带，最后在独立就餐区的最下方安装了散发着白光的隐藏光源，使之成为本空间的第三层灯光，这种简单而分明的三层灯光设计，极符合整个环境的视觉风格。

TIPS ▸▸

　　在选择隐藏式线形光源作为最后一层灯光时，与其说是为了照明而设计，不如说是为了调节氛围而存在，因此，在实际设计中，我们不需要过多考虑灯带的亮度，而需要着重考虑光源色与环境的关系。

第一层
第二层
第三层
第四层
第四层

◀ **富有条理的四层灯光**

当室内灯光分层突破了三层，增到四层以后，并进入一个相对复杂的灯光环境，若我们能够按照一定的计划来选择及安装照明灯具，也能获取与两、三层灯光设计一般富有条理的分层照明效果。在天花板壁龛处安装隐藏式光源，铺设出第一层照明效果，并同时在壁龛地面安装固定嵌灯组，形成第二层照明；接下来，安装在右侧橱柜顶部的长壁灯，构建出了相对简单的第三层灯光；最后，通过壁橱下方的嵌灯及独立料理台上方的吊灯，形成更加完善的第四层照明体系。

第一层
第二层
第一层
第三层
第四层

◀ **错落有致的四层灯光**

如果你觉得富有条理的四层光照不是你想要的，那么就换一种灯光方案吧！在离我们视线最远的那一堵墙面的最上方处安装了散发着柔和暖光的隐藏式灯带，它与天花板上安装一排嵌灯成为本空间的第一层灯光，视线下移，橱柜上方安装的一排壁灯是空间的第二层灯光，而安装在传统料理台上方的隐藏灯带，便带来了第三层照明，并搭配远处墙面下方的隐藏灯带，最终构建出错落有致、充满情调的四层照明空间。

TIPS ▶▶

　　就厨房区域的照明设计而言，灯光分层最好控制在四层或四层以内，否则便会造成不必要的浪费，如果灯光处理不当，还会对居住者在进行食材烹饪等日常操作时造成干扰，但对客厅区域来说，可适当增加照明层次（具体可参考前一章节的内容）。

7.6　巧设厨房光源色

　　在大多数厨房中，人们习惯于将照明光源色设定为显色性最佳的日光色。除此之外，一些优秀的设计师会在不影响整体照明的情况下，在厨房光源色的处理上融入一些新意与独特之处，从而为整个厨房带来一种与众不同的照明效果，但这一切都不能脱离对安全性的保证。

↑ 变色的光源

融合就餐与操作功能的料理台，照明设计需要设计师花上更多的心思。在独立式料理台的上方，设计者安装了一排加长型吊灯组作为照明设备，但其独特之处在于，灯具的光源可通过人们的调节进行变色。当我们在进行料理操作时，可将光源色调节为接近于白光的日光色，反之，当我们需要在该区域进行就餐活动时，就可将光源色调节为能促进人们食欲的暖色光。

◀ **理性化光源设定**

为了保证厨房内操作区的用光安全，设计者选择了光源显色性极佳的嵌灯与吊灯组来照亮这些区域。与此同时，在料理台另一侧的就餐区，设计者选择了暖色光源来照亮该区域，这种理性化的光源色设定，既让居住者获取了一个明亮、安全的厨房操作环境，又为其塑造出了一个舒适、温馨的就餐环境。

◀ **光源色与环境的反差**

一眼望过去，在这个开放式的厨房环境中，设计者以中性化的无彩色材质来铺设空间，并采用相对质感坚硬且棱角分明的材质来构建整个厨房区域，两者结合，从视觉上便给人一种都市化的冷硬气息。为了不给人以疏离感，设计者便采用了散发着温馨暖光的吊灯与嵌灯作为整体与局部的照明光源，但在传统操作区的照明上，设计者还是选择了显色性较佳的白光嵌灯。

TIPS ▶▶

当设计者为厨房区域选择了多组照明灯具时，一定要将照明的电路分开，方便居住者根据自身需要选择不同的照明灯具，避免造成不必要的浪费。

⇗ 航海迷情

在一些主题式的室内设计中，加入带动氛围的光源色是一个不可或缺的重要环节。设计者将整个厨房区域打造成了一种类似于欧洲中世纪航海世界的场景，其中安装在天花板顶部的巨大船型灯具，恰到好处地点明了该厨房的设计主题，并配合由船形灯具所散发出的蓝紫色渐变光芒，将航海设计所具有的魔幻与迷情色彩表现得淋漓尽致。与此同时，设计者在料理区域依旧保留了日光照明，这样一来，便将灯光的实用性与装饰性皆带入了室内环境中。

TIPS ▶▶

　　当为主题式厨房制定灯光设计方案时，一定要准确把握实用性灯光与氛围性灯光的强度，就厨房区域而言，氛围灯光的强度一定要弱于实用性灯光，并且应避免混乱、刺眼的氛围灯光对居住者的日常操作造成干扰，因此，在选择用于氛围照明的灯具时，最好选择光源柔和的漫射型灯具、直接型灯具或半直接型灯具。

Chapter

餐厅空间的
照明设计

8

- 餐厅灯光选择的重要性
- 选择与餐桌区相搭配的餐厅吊灯
- 感受蜡烛灯饰所带来的别样风情
- 借用装饰吊灯增添餐厅视觉效果
- 餐厅中组合灯饰的运用
- 辅助灯光可为餐厅提升档次

俗话说，民以食为天，一个良好的就餐环境，会对进餐者的心理产生一定的影响，而这种影响可能会对其味觉造成一种潜移默化的暗示效果，由此可见，就餐环境的好坏，往往会左右居住者的生活品质。下面我们将从灯光设计的角度解析餐厅空间设计，希望通过餐厅空间的不同照明方案，更快、更好地打造出一个优质的就餐环境。

就空间的性质来看，厨房与餐厅虽然存在着紧密的关系，这种关系可让我们将其合并成为餐饮空间，但如果从用光的角度来说，这两类空间的灯光处理，还是存在着明显差异。

与需要明亮照明的厨房不同，餐厅空间仅需要相对明亮的照明，除此之外，设计者通常会将设计重点放在气氛的烘托及装饰性等方面，而如果从光源色的角度上看，白色光与暖色光是最佳选择。

在一些大户型住宅中，餐厅往往是一个独立的空间，而对于一些中小户型的住宅来说，餐厅往往会与客厅、厨房等空间区域形成一个开放性的空间区域，但不论是哪一种餐厅类型，餐桌区域一定是照明设计的重点。

从实用性的角度上看，在餐桌上方安装吊灯照明是一个不错的选择，如果你还想加入一些氛围照明，那么可考虑在餐桌上排放一些蜡烛灯饰，或者是在餐桌周围的环境中，加入一些辅助照明灯光，来添加效果。

8.1 餐厅灯光选择的重要性

在前面已经提到过，在餐厅空间中，白色光与暖色光是最佳选择，现在，从这两种用光角度来分析餐厅灯光选择的重要性。

在餐厅中使用显色性极佳的白色光，主要是为了让就餐者能够对餐桌上的食物进行明确分辨，避免造成误食而影响就餐心情。除此之外，在一些装饰华丽的餐厅空间中，人们喜欢用华美的水晶吊灯来点亮空间。为了让水晶吊灯显得更加璀璨，会选择与水晶极为搭配的白色光。

↓ 璀璨而华美

由两盏水晶吊灯所构成的照明灯具，点亮了整个就餐区域，精美的水晶在白色灯光的照射下，显现出极为美妙的璀璨光影，不仅如此，由透明玻璃材质所制成的餐桌表面，让整个照明的视觉层次显得更加丰富而华美。

↑ 明亮而舒适

在白色餐桌的上方，设计者为其选择了一组风格简约的现代吊灯组，通过直线型灯具的照明，明亮的白色灯光直接洒向了进餐区域，但由于桌面本身不具有反光性，因此，整个光照环境不会形成刺激性眩光，显得极为舒适。

从配色角度看，白色本来就是一个百搭色彩，因此，如果你所在的餐厅采用了一种相对复杂的装饰设计，那么，就不妨为其选择淡而素雅的白光照明吧！

倘若你喜欢一个相对温馨的餐厅设计，那么就为其选择暖色调的照明光源，这样一来，不但可满足你的喜好，还可达到刺激食欲的效果。不仅如此，如果你所在餐厅的整体设计相对冷清，那么采用暖光照明，可营造良好的就餐氛围。

➔ 复杂与简单
在右图的餐厅区域中，设计者以视觉明快的墙纸来包裹整个室内空间，并特意选择了一套纯黑色的餐桌、椅与白色的灯具及照明光源，来冲淡墙纸所带来的喧哗感，让整个室内气氛保持得相对恰当。

➔ 温馨满屋
在橙色的墙面包围下，整个室内笼罩在一片温馨的氛围当中，在此基础上，将整个餐厅空间中的所用照明光源均选用淡淡的暖色光源，好似太阳发出的光芒一般，这样的设计，让踏入空间的就餐者还没进食，便充满食欲。

◤ 柔柔暖意

整个室内餐厅主要是由黑白两色所构成，为了给处于其间的就餐者带来一个良好的就餐氛围，设计者特意选择了一款散发着暖色光线的球形吊灯，并且其灯罩主要是漫射材质构成，让内部所散发出的光源趋于柔和，不会破坏整体效果。

◤ 暖意笼罩

将一盏由透明材质所制成的花瓣形吊灯悬挂在餐桌上方的天花板处，暖色光线透过灯具外壳的折射，将一股股暖意带到了整个室内，这样在一定程度上冲淡了该开放式餐厅区域的冷硬感。

8.2　选择与餐桌区相搭配的餐厅吊灯

　　众所周知，餐桌区域是餐厅空间的核心设计区域。通常情况下，人们会选择吊灯来照明餐桌区域，但你又是否知道该如何选择一款与餐桌区域相搭配的吊灯呢？从构成元素上来说，餐桌区一般是由餐桌、餐椅所构成，除此之外，在一些注重生活品质的家庭中，人们还会在餐桌上摆放一些装饰品来装点餐桌区。

　　简单来说，要想让吊灯与下方餐桌区互相搭配，就要让其在某个方面形成呼应关系。就以餐桌来说，一些设计师往往会根据餐桌的形态来选择造型与之接近的灯具，或者是在图案、色彩等方面增强联系。

↑ 圆与圆的呼应

在圆形的餐桌上方，设计者选择了一款形态为半球形，但开口为正圆形的直接型灯具来点亮下方的就餐区域，形态上的呼应，让人在第一时间就能将其看作一个整体。除此之外，黑色的餐桌与灯具外壳，更是进一步提升了它们之间的关联性，彰显出完美的搭配效果。

◀ 矩形的关联

在长方形的餐桌上安装一盏大型的矩形照明吊灯，既可达成形态上的呼应，又可让较为宽广的就餐区域获取相对均衡且充足的光源，不仅如此，这款形态简洁的白色矩形灯具，更是将整个开放式空间衬托得更加简约且富有现代感。

◀ 呼应与反差

同样是采用形态状若矩形立方体的照明吊灯来点亮下方的长方形餐桌，从而奠定了基本的呼应式搭配，但是设计者为了玩出更多的新意，特意选择了与下方颇具古雅气息的餐桌具有极大反差的水晶吊灯，这样一来，便构成了一种既协调又混搭的特殊搭配效果。

TIPS ▶▶

在长方形餐桌区的光源布置中，如果一盏矩形灯不能满足你对光照的需求，可以试着在矩形灯具的周围，添加少许嵌灯作为辅助照明，或是直接使用两盏矩形吊灯。只不过这有可能给人一种拥挤感。

如果觉得让灯具与餐桌形成视觉搭配太过普通，那么可考虑使吊灯与餐椅形成配套组合，只不过餐椅与灯具在形态上基本不可能形成协调感，我们只可从材质、纹理、配色等方面入手，寻找出呼应式搭配效果的方案。

➡ 木纹效果

在这个充满现代化气息的开放式空间中，木质餐桌及与之形成完美搭配的木纹灯罩吊灯，可以算是整个空间的最大看点，这样的设计形式，既显现出不错的搭配感，又增添了整个空间的看点。

⬆ 深灰色的呼应

在颇为大气庄重的餐厅区域中，设计者将长长的餐桌大致划分为两个区域，并在两个区域的上方安设吊灯，深灰色的吊灯与其下方的深灰色餐椅形成了呼应关系，倘若你仔细观察便会发现，灯具与餐椅的表面材质在纹理上也极为接近，从这一细节之处，便可发现设计者独到的用心。

⇥ 整体搭配

白色的吊灯灯罩与下方的餐桌底座及餐椅形成了一组完整的搭配关系，看似简单，却无懈可击，不仅如此，吊灯的圆形开口也与下方的圆形餐桌构成了形态上的搭配关系。

↑ 风格与色感

为了与木质的餐椅形成呼应，设计者选择了一款风格与之接近的吊灯来照明就餐区域，但是这款灯具并不具有木质纹理，而主要是从色彩搭配上塑造出一种木质风格，借此来取得与餐椅的搭配效果，不仅如此，这款灯具也与周围的大面积木质元素形成了呼应关系。

⇥ 经典的方格

餐椅表面的经典方格是该组餐椅的最大特色，为了与之相搭配，设计者选择了一款灯罩做镂空条纹方格处理的吊灯，与单纯的图案呼应相比，这种设计方式更显新意。

　　如果餐桌空间足够大，那么为其选择一款装饰品，也是一个不错的设计方案，它可在一定程度上提升就餐区的档次，另外，可考虑选择与装饰品相搭配的照明灯具，从细微之处体现精致的餐桌设计。

← 完整的圆

悬挂在餐桌上方的一组半球形灯具，与下方餐桌上的两个半球形装饰品，在视觉上形成了一一对应关系，两个完整的"圆球"，构建出微妙的搭配关系。

TIPS ▶▶

　　为了提升装饰品与吊灯的视觉联系，可让它们在摆放位置上形成上下对应关系，这样可巩固就餐区的整体搭配感。

← 盛开的花卉

呈圆形散开状的吊灯，仿佛一朵盛开的花卉，为了与下方的餐桌区域形成搭配，设计者便在吊灯的正下方摆放了一款半球形装饰品，且装饰品表面那散开的纹路与其上方的吊灯在视觉表现上显得极为协调，堪称完美。

8.3 感受蜡烛灯饰所带来的别样风情

提及浪漫就餐氛围的营造，我们常常会联想到"烛光晚餐"一词，因此，为了让居住者拥有一种颇具情调的就餐氛围，许多设计者会在餐厅中安装蜡烛灯饰来照明就餐区。一款具有美感的蜡烛吊灯便是一个不错的选择。

当为餐厅选择蜡烛灯饰时，不是任意一盏蜡烛灯饰都适合所在的餐厅空间，而是需要根据餐厅的整体风格来选择合适的灯具。

← **复古多层蜡烛吊灯**
在这个洋溢着古典风情的餐厅中，一盏充满着复古色彩的多层蜡烛吊灯出现在了餐桌的正上方，并搭配四周的天花板嵌灯设计，使得整个室内瞬间进入遥远的时空之中，一种安静的浪漫情怀在其间静静流淌。

↑ 白色的浪漫

纯白色的枝形蜡烛吊灯，将纯洁的白色浪漫带到了整个就餐空间，从灯饰的造型上说，该款灯具保留了传统蜡烛吊灯的优雅；从色彩上来说，洁白的纯色让该款吊灯能完美融合于周围简约的现代化空间中。

← 现代与新颖

在该款吊灯的设计上，设计者采用了一个中部镂空的圆形底座作为支撑，并在其上方依次排放经过改良的现代蜡烛灯具，首先从基本形态上便与下方的圆形餐桌形成配套呼应效果，而后这种简约却不失新颖感的烛形吊灯设计，将整个就餐区衬托得分外出众。

　　如果是只想偶尔感受一下蜡烛灯饰所带来的别样风情，那么便不需要专门安装固定的蜡烛灯饰，而是考虑选择一款桌上型蜡烛灯具，这种灯具的好处在于方便移动，可随意更换，缺点是照明能力较弱，需占据一定的就餐空间。

↓ 烛台的情调

图中的餐厅空间用到了许多做旧元素，使得整个餐厅看上去十分怀旧，除此之外，将放置在木桌上的两盏枝形金属烛台与一旁的花卉相搭配以后，一种淡淡的情调絮绕在整个空间中。

加个灯罩

8.4 借用装饰吊灯增添餐厅视觉效果

在餐厅设计中，如果预算充足，那么就为空间选择一款装饰型吊灯吧！不需要在空间中加入任何装饰元素，仅需要一盏装饰吊灯，便可让整个餐厅拥有出色的看点，为餐厅增添一些独特的视觉效果。

在大多数人的认知中，装饰吊灯就是外形出色且具有极强装饰性的一种照明灯具。其实，这仅仅是一类装饰灯具而已，还有一类特殊的装饰吊灯，它是通过灯光照明效果而表现出其所具备的装饰性。

↑ **奢华富丽**

由三盏富有华丽色彩的装饰吊灯所构成的餐厅主光源，让餐厅的整个天花板区域被一股奢华之风所笼罩，并搭配造型同样富丽的装饰壁灯与烛台，以及暖黄色光源运用，更是将耀眼的奢华风格演绎得淋漓尽致，让人难以忽视。

↑ **点点光芒**

一眼望去，在这个开放式的就餐区域中，悬挂在餐桌上方的那一款吊灯，成为整个空间最为出彩的元素，这款吊灯是由多个独立光源所构成，多个外形简约的球形光源，被错落有致地悬挂在一起，并搭配每个光源所流露出的点点光芒，使得一种简约却蕴含着无穷视觉吸引力的装饰效果充满了整个室内。

🡑 小巧而精致

在本空间中，设计者仅用了一张方形餐桌与四张餐椅来构成就餐区，为了配合这种小巧的就餐环境，设计者便为其选择了一款小型装饰吊灯，这款吊灯的灯罩并算不上十分出彩，但其内部却是由水晶装饰所构成，从而在视觉上传递出了一种含蓄的华美气息，展现出了小巧而精致的装饰美感。

🡒 斑斓的光线

在本餐厅区域，设计者选择了一款镂空的球形吊灯来照明就餐区域，从外形上看，可能会觉得其装饰性较弱，但如果你将目光移动至周围的墙面之上，便可发现，当光源透过灯罩的空隙散开以后，斑斓的光线成为该空间最强的装饰看点。

8.5 餐厅中组合灯饰的运用

在前面的章节中已经提到了一款组合式灯具，这里将详细介绍这种灯具类型，简单来说，组合式灯具就是由两盏及以上同款灯具或同系列灯具所组成的照明灯组。

如果从灯具的排列形式上来划分，组合式灯具又可分为横排型、集中型及分散型三种类型，其中的横排型组合灯饰就是将多盏灯具进行横向排列，如果基础灯具为吊灯，那么这种灯具组合十分适合用于长形餐桌的照明。

↑ 均衡照明

将三盏同款的黑色吊灯依次排开，使照明灯组所散发出的光能够完全覆盖下方的就餐区域，从而带来均衡的照明效果，与此同时，灯罩与餐椅在配色上也形成了简单而明确的呼应关系，总体来说，本餐厅的照明设计，不论是从实用性，还是视觉表现上看，都达到了较为完美的效果。

◀ 考虑周详

设计者采用小型矩形吊灯组来照明餐桌区域，使光源能够从两个方向来覆盖下方区域，从而让不大的餐桌获取了极为明亮的照明光，这种光源表现出十分均衡且无一遗漏的照明效果。

◀ 韵律的美感

在这个长长的就餐区域上方，设计者为其选择了一款由多盏同系列吊灯所构成的照明灯组，使下方的餐桌能够得到充分的照明。除此之外，富有节奏感的横向灯具排列及灯罩的变化，彰显出了奇妙而美好的韵律美感，这样的设计，从视觉上为该空间注入了一股令人愉悦的就餐氛围。

在组合式灯具的运用中，如果觉得单排的组合式灯具看上去略显单调，那么不妨为空间再增添一组或多组组合式灯具。这样一来，可在一定程度上丰富餐厅的视觉效果，但同时需要注意，在同一餐厅区域中，最好不要使用超过三组组合式灯具，以免造成过于复杂的照明效果与不必要的能源浪费。

➡ **实用与情调**

首先，设计者通过三盏吊灯来构成一组一字排开的组合式照明灯组，并通过其所散发出的光亮来照亮下方就餐区，为其提供实用性照明，在此基础上，一组由绿色蜡烛构成的小型组合式灯组，为充满自然气息的空间注入了一缕清新的气息，沁人心脾。

TIPS ▶▶

当在同一空间中安设两组及以上灯组时，需考虑每组灯具间的层级关系，如果每组光源皆处于同一层级关系，那么会让整个灯光层次显得过于平整，体现不出多组光源照明的优势，因此，我们需将一种对比思想带到对每组光源的强弱控制中。

简单来说，所谓集中型组合式灯饰，就是将多盏灯具（同款或同系列）按照集中的排列方式组合在一起，其中又以吊灯为主，如果将这种灯组带入餐厅的灯光设计中，往往是作为主光源而存在，当其出现在餐桌上方时，可带来极为集中的照明光源，但在光照的均衡感上，要远弱于横排型灯组。

↑ **急促的音符**
在上图餐厅中所安装的集中型组合式吊灯是由四盏黑色吊灯与一盏白色吊灯所构成，参差不齐的集中式排列，仿佛带来了一段急促而短暂的音律，显得新意十足，并且该组灯具属于直接型照明灯具，因此，不论其怎样排列，皆不影响灯具组为下方区域所带来的专注照明效果。

↑ **多样的变化**
首先，我们从排列上来看，这组集中型吊灯的分布高度并不处于同一水平线上，每一款灯具的外形除了配色一致外，其实也存在着些许差异，当那么多的不同组合在一起时，却出奇得和谐，同时也多了几分生动与变化。

在前面已经讲到，组合式灯组可以是由同系列不同款式的灯具所构成，并且其安装方式也可以有所不同。在餐厅区域的光源布置中，如果能将这种形式丰富的组合式灯组带到空间中，能在视觉上给人一种精致感与整体性。

↓ 古典的优雅

在这个充满古典风情的餐厅中，餐桌上方所悬挂的吊灯与边桌上摆放的一对台灯，其灯罩基本都采用了经典的国王形造型，这样一来，便让这组同系列的组合式灯具在视觉上具有紧密的呼应关系，并加强了不同用光区的联系性。

TIPS ▶▶

当为空间选择了一组或多组组合式照明灯具时，对每一盏灯具的摆放位置，都应该用心考虑，还可尝试将相同的灯具组按照不同方案进行照明布置，并从中选取效果最佳的方案，使其能够尽量消除空间中主要区域的照明死角。

8.6 辅助灯光可为餐厅提升档次

在通常情况下，除主光源以外的灯具皆被称为辅助灯光，在餐厅区域的灯光设计中，设计者通常会采用吊灯来作为空间主光源，并结合嵌灯、台灯及壁灯等辅助性照明灯具来点亮空间。

从辅助灯光的照明意图上来说，又可将其分为装饰类与实用类两种，其中装饰类辅助灯光主要用于装饰墙面等区域的照明设计，而实用类辅助照明主要是指一些对主光源的补充性照明设计，例如天花板嵌灯等。

↑ **突出肌理**

整个餐厅的设计风格趋于自然朴实，由两盏吊灯所构成的组合式灯组点亮了整个就餐区，接着，让我们的目光移至右侧的墙面区域，整个墙面是由大量细小的石块所铺就，为了突出墙面的纹理，设计者特意在墙面两侧前方的隐藏区域添置了两盏射灯，用于墙面照明，这种灯光设计正是一种典型的装饰类辅助灯光运用。

↑ 来源于座椅下方的情调

在本餐厅的设计中，木质餐椅是与隔断墙面连为一体的，并且设计者还特意在其下方安装了一条散发着暖色光的隐藏式灯带，用作辅助照明，其主要目的是为了给就餐区注入一份温馨而特别的情调。

↑ 精致的用光

一盏由多个独立球形光源所组成的吊灯成为整个空间的主光源，与此同时，天花板上所安装的嵌灯灯组是作为辅助性照明灯光而存在的，但其却具有实用性与装饰性两种特征，其实用性主要表现在对主光源的补充照明，而其装饰性则主要表现在对装饰墙面的强调式照明，并且安放在装饰墙右侧壁柜上的台灯，也是作为一种装饰类辅助照明而存在的。

TIPS ▶▶

在使用辅助性照明光源时，最好不要让其光亮超过空间主光源，否则会给人喧宾夺主的感觉，如果一定要使用光线明亮的强调式辅助光源，那么一定不能大面积、大范围地使用。

Chapter

儿童房空间的
照明设计

9

■ 儿童房的采光需要
   考虑更多因素

■ 儿童房灯具设计的
   安全位置

■ 儿童房睡眠区的灯
   光处理

■ 符合儿童个性的灯
   具选择

■ 儿童房的阅读空间
   照明

在一个完整的家庭中，孩子往往是大人们最为关注的焦点性存在，因此，如果所设计的住宅中居住成员里有儿童，那么便需要在儿童房的设计上花更多的心思。在本章中，将对儿童房的灯光设计进行重点阐述。

从使用功能上来区分，可将儿童房划分为睡眠区、学习区及游戏区三大类，每一个区域在用光上也存在着各自不同的准则。

为了让孩子们能够在一个健康而良好的环境中成长，设计者应尽量保证房间内的照明充足，并且最好使用暖光照明，这样一来，便能让整个室内氛围具有一定的安全与温馨感，使孩子在独处时不会感到恐惧或孤独。

如果从光源布局的角度上来分析，可将其分为整体照明与局部照明两种，其中，整体照明指整个房间中用于普照式照明的灯具运用，而局部照明便是指一些对学习区及床头等区域的灯具使用。

在儿童房的灯光设计中，除了使用电光源以外，自然光也是一个不可或缺的重要光源，从保护视力的角度上来说，自然光应该是最佳选择。

在为儿童房选择灯具时，尽量不要使用光照强烈的射灯，最好使用半直接型及漫射型等灯具，为孩子们提供较为柔和的光线。

9.1 儿童房的采光需要考虑更多因素

　　简单来说，所谓采光，就是指采集另一个空间的光线来照明室内空间。采光可分为间接采光与直接采光两种，间接采光是指将采光窗户开设在朝向封闭式外廊的地方，而直接采光就是指将采光窗户开设在朝向户外的地方，也就是我们常提到的自然采光，在儿童房的采光设计中，自然采光当属首选。

　　说到儿童房的采光设计，首先需要考虑的是儿童房的方位选择，如果条件允许，最好让儿童房处于向阳位置，这样一来，便可更好地采集自然光线。除此之外，采光窗口的所在位置、大小及数量，应根据房间布局等因素进行考虑。

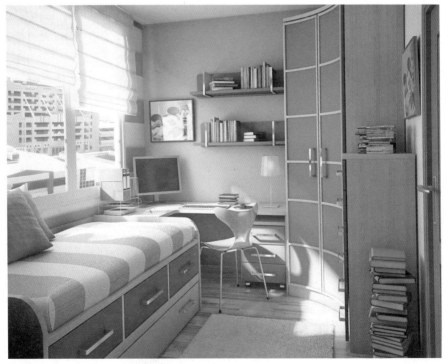

↑ 小空间的大照明

从整个房间的布置上来看，这应该是一个小男孩的房间，虽然整个房间的面积不大，但设计者依然在房间向阳一侧的墙面上开设了一面面积颇大的窗户，使得窗帘即使在半放下的状态下，依旧让阳光洒满了半个房间，当孩童处于这样一个房间中时，心情也会变得更加开朗和愉快。

　　当设计者或是父母在为儿童房的采光窗户选择开设位置时，出于安全的考虑，可能会将窗户开设在儿童无法触及的前面上方，这样一来，便可降低意外发生的概率。

◀ **合理的位置**

左图中所示为一个面积颇大的儿童娱乐区，在不远处的墙面上，设计者分别开设了三个面积不大的窗口。其中，下方的方形窗口，不仅为一旁的简易楼梯提供了照明，还为下方的小型休息区带来了明亮的光线，不仅如此，开设在墙面上方的两面采光窗户，更是为居室的上方空间带来了光明，使得整个儿童房获取了稳定而自然的照明。

◀ **高处的光线**

在曲线形墙面的最上方，设计者开辟出了一块连续不断的采光区域，使得来自高处的光线能够从多个角度洒向室内，同时也提高了整个房间的使用安全性。

9.2 儿童房灯具设计的安全位置

当在儿童房内安装以电光源为主的灯具时，一定要注意灯具的安装位置是否安全，特别是在一些年龄较小，缺乏自制力的儿童们所居住的房间内，尽量将灯具安装在儿童所不能触及的地方。除此之外，尽量不要让灯具的电源线暴露在外，以免孩子将其当作玩具进行扯弄，引起漏电等安全事故的发生。

◀ 将光源置于高处
从放置在房间内的儿童床我们便可以看出，这间儿童房的小主人应当是个年龄不大的孩童，为确保孩子在玩耍过程中的安全性，设计者便将一盏散发着明亮光线的壁灯安装在了靠窗一侧高处的墙面上。

↑ 成组的壁灯
在该间充满童话色彩的儿童房内，设计者主要采用多盏成组的壁灯来点亮空间，每一盏壁灯皆被安装在了较高的位置，使儿童不能在平常的玩耍过程中直接触及，并且灯具的电源线也被隐藏在了墙面内。

9.3 儿童房睡眠区的灯光处理

在整个儿童房中，睡眠区往往是占地面积最大的区域，对该区域的灯光布置，通常需要设计者进行单独处理。

为了不干扰儿童的正常睡眠，在为睡眠区选择灯具时，要尽量选择灯罩为半透明材质的灯具，让照明光线能够趋于柔和，特别是在对居住者处于婴幼儿时期（该时期的孩童的视力尚未发育成熟）的儿童睡眠区进行灯光处理时，最好不要使用直接型照明灯具，否则会对其视力发育造成影响。

↑ 海洋中的一缕阳光

由大面积蓝色调所铺就的儿童睡眠空间，犹如风平浪静的海洋一般，舒适而安逸。为了在这略显冰凉的空间中融入一份温馨，设计者便在左侧床头处放置了一款形态简约的现代台灯，暖色调的光线透过由漫射材质所制成的灯罩，犹如海洋中的一缕阳光，柔和而温暖。

↑ 温柔的陪伴

放置在房间内的一张白色婴儿床，彰显出了幼儿特有的纯真个性，为了使幼儿时刻感受到母亲般的温柔陪伴，设计者特意在婴儿床一侧的墙面上安装了一盏散发着温和光线的小壁灯，这种贴心的设计，能让夜间睡在婴儿床内的孩童感受到一份安心与美好。

↑ 愉悦的光线

整个儿童卧室是由大面积的高纯度暖色调所铺就，从中不难看出居住者所拥有的活泼开朗个性。在这一室的欢快氛围中，设计者在床头两侧安放了两盏形态犹如盛放的荷花般的漫射型灯具，当那一缕缕柔和的白色光线洒向室内以后，仿佛连同光线也愉悦了起来。

↑ 微小的幸福

一眼望去，在这样一个宽敞而又整齐的儿童卧室中，设计者仅在床头安设了一盏小小的台灯，当光线透过灯罩映射在四周不大的区域上时，便透出一种安静与温暖的氛围。

TIPS ▶▶

如果你喜欢在儿童的睡眠区域内安装五颜六色的灯光，那么就请赶快放弃吧！这样的灯光会让儿童的中枢神经一直处于兴奋当中，使其无法快速入睡，从某个方面来说，这样的灯光设计，其实算得上是一种光污染。如果你实在想要获取活泼的室内氛围，不妨从装饰元素的配色中入手。

9.4 符合儿童个性的灯具选择

  换一个角度，从灯具的造型风格上来分析，如何选择一款适合儿童房的灯具，需要设计者结合居住者（儿童）的个性进行选择。

  由于性别、生长环境等多方面因素的影响，导致儿童群体的性格也趋于多元化，当然，除了选择与儿童个性相符的灯具以外，还需要让灯具能够与整个室内空间相契合。通常情况下，儿童房的整体装修风格，其实也是对儿童性格的一个反应，因此，只要基于这一点进行选择与搭配，一般不会呈现出相互不搭的效果。

← 开朗而活泼

悬挂在儿童房天花板处的那一款吊灯，从视觉表现上来看，该灯具在整个房间中显得十分出彩，大小不一的圆形灯罩，反差极大的配色组合，无一不彰显出儿童活泼、开朗的个性。

← 甜美而生动

在我们的目光所及之处，一共出现了两盏灯，一盏是悬挂在天花板上的球形吊灯，这款灯具采用了色彩斑斓的玻璃来制作灯罩，在周围球形花朵元素的衬托下，显得分外美好，体现出居住者甜美且不失可爱的个性；另一款灯具是立于床边的落地灯，其灯罩图案是由五彩斑斓的条纹所组成，为空间带来了一份生动的气息。

在之前的两个案例中，主要从居住者为女孩的儿童房中所选择的灯具进行介绍，但如果居住者是男孩，那么儿童房内所安装的灯具风格，就会截然相反。简单来说，女孩儿童房的灯具风格趋于可爱、活泼、甜美，反之，男孩儿童房的灯具风格趋于独立、活力、爽朗。

→ 独立沉着

从本儿童房睡眠区的整体装修风格上来看，该房间的小主人应该是一名个性较为独立自主的男孩，因此，在灯具的选择上，设计者为其选择了一款样式简约，看上去十分利落的吊灯来照明空间。

9.5 儿童房的阅读空间照明

对于一个正式迈入学校的儿童来说，在儿童房中开辟出一块良好的阅读环境（也可以是指学习环境）是十分必要的，它不仅会对孩子的视力健康产生重要影响，还会左右着他们的学习与阅读效率。

在为阅读空间选择照明灯具时，应遵从足够明亮，但不会刺眼的原则，除此之外，如果儿童阅读空间的面积足够大，那么可为其选择一款用作局部照明的灯具，而所选择灯具的照明光线一定要足够稳定，最好选择无频闪灯具，并且灯具的光线较为集中，这样可在一定程度上提高儿童在阅读过程中的集中力，反之，如果光源的照射面积过大，会分散儿童的注意力。

如果没在儿童阅读空间中安设局部照明灯具，那么一定要保证主光源照明的均衡性，否则会加速儿童在阅读时的疲劳感与不适感。

↑ 带来稳定照明的吸顶灯

在这间独立的儿童阅读区域中，左侧区域为动手操作区，右侧区域为休闲阅读区，这两个分区的照明皆来源于该空间天花板中央区域所安装的两盏同款大型吸顶灯，通过这两盏灯的照明，可为整个空间带来颇为稳定的照明效果，并且照明光线也足够明亮。

Chapter

10

卫生间的
照明设计

■ 小空间的简单照明

■ 镜前灯的设计

■ 巧妙的面盆区域照明

■ 洗漱台区域的照明
　要点

■ 灯光与镜面的合理
　搭配

■ 马桶区域的照明设计

■ 洗浴空间的实用灯光
　与氛围灯光

■ 卫生间的彩色灯光设
　计要点

在室内设计中，卫生间区域应当属于最为注重隐私性的室内空间，因此，在该区域的灯光设计中，人们通常不追求如客厅般明亮的照明，反而更青睐于柔和、舒适的灯光效果。

在通常情况下，理想化的卫生间面积最好控制在5～8m²之间，最小不能低于3m²，如果从功能用途上来划分，大致可将卫生间区域分为镜前洗漱区、洗浴区及坐厕（蹲厕）区这三大分区。在实际设计中，可根据卫生间的实际面积，将这三个分区进行三合一、两两合并，或者是明确隔断设计，当然即使处于同一空间，不同分区所需的照明也有所区别。

在镜前区域的灯光设计中，应注重照明的均衡性，其中最为常见的灯具有壁灯与射灯；当为洗浴区域选择照明灯具时，最好将灯具安装在天花板之上，并且如果空间内安装有淋浴喷头，那么所选择的灯具一定要具备基本的防水功能，除此之外，如果洗浴空间的面积不大，那么可安装一款带有照明功能的浴霸；在三个分区中，坐厕（蹲厕）区域所需的照明要求最低，如果不想过于麻烦，在适当的区域安装一款壁灯、吊灯，或者是嵌灯便可。

卫生间是一个相对潮湿的区域。在实际设计中，我们也需要在这样一个区域中开辟出一个干燥区，用于摆放卫生纸、洗漱用品等，除此之外，良好的通风也是卫生间设计的一大要点，上述两点虽然不属于灯光设计范畴，但却相当重要。

10.1 小空间的简单照明

　　在小户型的住宅及一些卧室中附带卫生间的室内空间中，设计者为卫生间所预留的空间一般是5m^2，或者是低于5m^2，在这种情况下，就需要为这种略显狭小的空间选择一款相对简洁的天花板灯具用作基本照明，这样不仅可减少紧凑空间中所使用的灯具数量，还可最大程度降低灯具对空间的占用率。在各种灯具中，又以吸顶灯与嵌灯组为最佳选择。

↑ 一盏吸顶灯

上图中的卫生间面积不大，因而设计者特意为其选择了一款形态简洁的圆形吸顶灯用作照明，这样一来，便可让下方的淋浴区及浴盆区均得到较好的照明，不仅如此，这盏灯具还为整个卫生间提供了一种相对均衡的普照式照明效果。

↑ 巧借自然光

一眼望去，映入眼帘的小型洗浴区域，仅用到了一盏极为简约的吸顶灯来照明空间，但为了提高该空间的照明亮度，设计者特意采用了落地式窗户设计，借用来源于室外的自然光线，但这种设计方式，应当保证对应室外区域的隐私性与安全性。

　　如果所设计的卫生间面积不大，但天花板却足够高挑，那么可考虑选择一款富有美感的装饰吊灯来作为照明灯具，这样便可让原本窄小的卫浴空间，在拥有充足照明的同时，获得更加浓郁的视觉情调与装饰效果，在此基础上，需要保证灯具光源不会直接接触水源或水汽。

← 有序的分布

设计者为这间面积不大的卫生间选择了一组小型的吸顶灯用作照明，并且每盏灯具间的间隔均保持在相对均衡的态势，这种有序的分布，让整个空间拥有了相对明亮且分外均衡的一般照明效果。

→ 纯白之美

设计者将一款样式优美且通体纯白的装饰吊灯带到了该住宅的卫生间区域，这样的灯具选择，不仅让拥有高挑天花板的卫生间显得更加饱满，且光线更加充足，还为整个空间带来了一抹纯白色的精致与素洁之美。

10.2　镜前灯的设计

　　不论所设计的卫生间面积或大或小，镜前区域的灯光设计都是一个不可忽略的设计重点，与此同时，虽然镜前区域的面积不大，但镜前灯的选择与安装方式却存在着多种形式，可根据不同的需求，来选择不同的镜前灯设计。

　　在通常情况下，如果对镜前区域的灯光没有过多要求，那么可考虑在镜面的左右两侧安装壁灯，如果条件允许，也可在镜面前方安装吊灯，这样一来，便让灯光直接洒向镜面，但同时要保证照明光线的柔和度，否则容易引起眩光。

↗ 小巧而精致

在这间由蓝白色调铺就的卫浴空间中，一种淡雅而纯美的情调在空气中萦绕，为了迎合这种室内格调，设计者特意选择了一组小巧但却精致的壁灯安设在镜面两侧，这样的灯光设计，可为镜前梳洗者提供柔和的脸部轮廓照明。

← 柔和的光感

安装在圆形镜面一侧的壁灯，为镜前区域提供了充足的照明，其磨砂质地的灯具外壳，更是让照明光线趋于柔和，不仅如此，白色的壁灯、花卉及洗面池，则在空间内形成了一组具备呼应关系的视觉搭配效果。

← 清晰的脸部照明

均衡分布在矩形镜面前方的吊灯灯组，其光源首先照亮了镜面，随后可反射于镜前的人脸上，从而便可为镜前洗漱者的脸部提供清晰的照明。

TIPS ▶▶

当将壁灯安装在镜面两侧时，主要是为了给镜前洗漱者的面部轮廓提供照明及达到提亮肤色的效果。因此，在安装灯具时，一定要让两侧的灯具组对齐，否则，易让镜前人的面部看上去肤色不均。

◣ 简单的功能性照明
安装在镜面上方天花板处的两盏固定式嵌灯，将一种明亮的光照效果带到了下方的洗漱台区域及镜面前方空间，这种看似简单的设计，却能为镜前梳妆者带来实用性极强的照明。

　　如果居住者习惯于在卫生间的镜前区域进行梳妆流程，那么可考虑在镜前区域上方的天花板处安装带有聚焦功能的嵌灯灯组，利用其垂直向下的照明光线，为居住者开辟出一块利于梳妆的镜前区域。

　　如果居住者对镜前区域的面部照明要求较高，那么可在贴近镜面上侧的区域安装灯具，从而增强镜面的反射光。

↑ 强调面部
设计者在镜面的上方边缘处安装了一块突出的金属块，并在金属块的下方安设了一排固定式嵌灯，暖色调的光线，不仅为镜前洗漱者（梳妆者）的面部带来了一种强调式照明，还可让其面部肤色看上去更加健康。

➜ 射灯的运用

右图中的卫生间镜前区域，不再借助镜面放射光来强调镜前人的面部，而是选择将两组可调节式射灯安设在镜面的上前方区域，并通过调节射灯的照射方向，让光线直接照射在镜前人的面部，当然，这种光线十分柔和，基本不会给人眼造成刺激感，如果仍感觉不适，还可根据镜前人的身高来调节灯具的照射角度。

⬅ 艺术化灯光

在镜面上方的边缘处安装向上、向下照射式壁灯，这样一来，不仅可利用壁灯向下照射的光线来增强镜面反射光，以达到强调面部照明的效果，还可借助灯具向上照明的光线，来形成一种区域性洗墙光的艺术照明效果。

在一些镜面区域相对宽广的空间中，为了给镜前人带来相对均衡的照明，人们习惯于选择由多盏嵌灯或射灯所构成的灯组来点亮该区域。也可以考虑选择一款长条形的灯具来覆盖镜前区域，这样便可在一定程度上减少光源的安装数量。

TIPS ▶▶

选择何种灯具来照亮镜前区域值得我们仔细考量，而对光源色的选择也至关重要。在通常情况下，最好选择淡淡的暖色光源来点亮空间，或白色光也可，但一定不要使用冷色光源。

◀ 简单而全面

左图中所示的卫生间，整体看上去较为通透，其间的洗漱区域（镜面区域）也相对宽广，为了保证该区域的光照充分，设计者便为其选择了一款散发着淡淡暖光的长条形荧光灯，这样一来，便可以最简单的灯光处理方式，让该区域收获最全面的照明效果。

← 规整的照明

在镜面上侧的突出区域底部，安装有一款矩形 LED 面板灯，这种将灯具融入室内结构中的设计，不仅符合整个空间的现代风格，还为下方的镜前区域带来了规整且不失均衡的照明效果。

对于一些对居住环境要求较高的群体来说，只满足一种照明需求的镜前灯光往往不能够满足其日常所需，这时，就可以考虑为其选择两种或两种以上的镜前灯光照明设计方式，当然，这会在一定程度上增加装修预算。

↘ 有序的组织

首先，设计者在该镜前区域中安装了一组固定式嵌灯，其安装位置在镜面上方的天花板处，主要用于镜前梳妆者的基本照明，而后，设计者在镜面的上方处安装了一盏矩形向下照射式壁灯，用于强调镜前人的面部照明，有序的灯具组织为该镜前区域带来了充足的光亮。

10.3　巧妙的面盆区域照明

　　在常见的家庭卫生间中，面盆区域一般位于镜面区域的下方，对该区域的照明设计可从两个方面进行考虑。其一，如果居住者对面盆区域的灯光并没有明确的要求，那么可考虑在面盆区域正上方天花板处安装嵌灯组或吊灯，这样一来，便可同时照亮镜面与面盆区域，只不过这种灯光处理方式可能稍显普通；其二，如果居住者追求的是一种格外细致的面盆区域照明，那么就需要通过一些巧妙的灯光处理方式来进行该区域的照明设计，灯具可根据面盆区的实际结构进行选择。

↑　简简单单

在木质洗面台的左侧，放上一盏风格简约的现代台灯，并通过调节其照明方向，使之散发出的柔和光线为右侧的白色洗面池区域带来光亮，简简单单却恰到好处。

← 温馨的场景

在左图所示的洗面区域中，其靠墙面一侧的上方位置，恰好有一个凸出的置物台，设计者便借助这一结构，在其下侧夹缝处安设了一条散发着暖暖光晕的隐藏式灯带，将整个场景定格在一个温馨的画面中。

◀ **清新的风**

设计者在镜面下侧的凹缝处，安设了一条隐藏式灯带，其所散发出的淡淡冷色光线，不仅为下方的洗面台提供了照明，并犹如一股清新的风在空间里萦绕，让风格趋于中性化的卫生间，显露出别致的生机。

TIPS ▶▶

　　与镜面区域所要求的光源色不同，在面盆区域的光源色选择上，并没有十分严格的标准，暖色光、冷色光、白色光皆可，但应避免使用色调浓艳、显色性极差的彩光，否则会对居住者的清洗活动造成妨碍。

◀ **嵌灯的妙用**

在该空间的镜面区域设计中，镜面的上侧与下侧皆有一处凸出的隔板，为了照明镜面区域与下方的面盆区域，设计者便将两组固定式嵌灯安装在了隔板底部，与此同时，灯具所散发出的光线，还将面盆上的金属水龙头映衬得极富质感。

10.4 洗漱台区域的照明要点

对于一些追求细节的设计师来说，与面盆区域相连的洗漱台下侧与侧面区域也是卫生间灯光设计的一个要点，如果能将该区域的灯光进行针对性设计，或许能让空间收获一份不一样的感觉。在对洗漱台区域的灯光进行设计时，可从实用性与装饰性两个不同的角度出发。

↑ **柔和的线条**

为洗漱台的侧面选择一条软质灯带，使光线能够随着洗漱台的轮廓而起伏，这样的灯光设计，可让置身其间的人们的视线跟随着光线的走向而流动，连同目光也不由得柔和起来。

← **安全的光线**

左图中的洗漱台下侧区域的灯光设计，主要将设计重点放在了实用性上，出于安全的角度考虑，设计者在洗漱台最下侧的区域安设了隐藏灯具，通过其所散发出的明亮光线，为略显昏暗的卫浴空间提供了安全性的引导照明。

↑ 实用性照明

上图中所示的洗漱台区域的结构十分简单，但设计者却在两层隔板与墙面的夹角处安装了两条隐藏式灯带，其中位于上方的隐藏式灯带为置物区提供了一些实用性的照明，而下方的灯带只是为了制造出一种特殊灯光效果而存在。

↑ 新的空间

在洗漱台下方的隐蔽处，安装有散发着白光的隐藏式灯具，光线不仅透过洗漱台最下侧的开口洒向前方地面，还穿透了洗漱台侧面的屏障，散发出一丝淡淡的暖光，整个光线穿梭仿佛在洗漱台处开辟出了一块新的视觉空间。

10.5 灯光与镜面的合理搭配

在前面的小节中已经对镜面区域的灯光设计方式进行了详细的介绍，主要将设计重点放在镜面周边的灯具布置上，而在本小节中主要是从灯光与镜面结合处理的角度出发，这样的设计思想，更多的是为了赋予镜面区域一种别样的艺术格调。

如果所在的卫生间，其镜面后方留有足够的空间，那么可考虑在其后方安装隐藏式灯带或灯管，通过这样的设计，让镜面呈现出一种悬浮式的效果，宛若仙境。

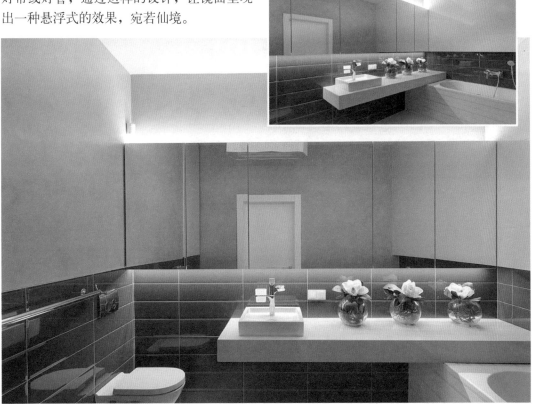

↑ 宁静的光芒

由多块镜面所构成的镜面区域，在墙面与镜面之间开辟出了一块用于安装隐藏式灯管的空间，当光源开启以后，白色的光芒透过镜面上、下两侧缝隙，洒向上方的墙面与天花板区域，以及下方的洗面台区域，并配合由茉莉色与暗紫罗兰色所铺就的空间，营造出宁静且不失美好的氛围。

除了在镜面后方安装隐藏灯具以外，还可考虑在镜面的边缘处增设照明设备，从而让照明光线能够与镜边轮廓的造型完美贴合。采用该种灯光处理方式，不仅能够提升镜边区域的照明亮度，还可大幅度提升镜面在空间中的视觉表现力。

◁ 灯光、镜面及环境的结合

设计者在镜面的后方区域安装了两条隐藏式线型灯带，使得镜面上下两侧的边缘处形成了两条线型灯光，黄绿色调的灯光与风格趋于舒雅的环境，形成了一定的视觉契合度，使灯光、镜面及周围环境的配合相得益彰。

◁ 简单的艺术

如左图所示，在这一面积不大的洗漱区域中，一面硕大的镜子几乎占据了面盆区域一侧墙面的一半，并且在该镜面的边缘处，设计者还加入了镜边照明设计，灯具与镜面的完美切合，彰显出了利落而简单，同时又不失格调感的艺术化照明效果。

↑ 迷人的线条

在这间颇为华丽的卫生间中，设计者在空间内增设了一块梳妆区域，并在梳妆区域的上方安设了一块造型优美的镜面。与此同时，设计者根据镜面的复杂轮廓，安装了一条与其极为贴合的灯带，这样一来，便使得镜面轮廓呈现出颇为迷人的光影线条。

如果想获取隐藏式镜后灯光的效果与镜边灯光的视觉表现，那么可考虑在镜面边缘加入一些特殊材质，并在其后方设置隐藏式灯带。

← 特别的效果

设计者在矩形镜面的上下边缘，增加了两条由半透明磨砂材质所构成的镜边轮廓，并同时在镜面的后方空间中加入了隐藏式照明光源，当光源开启后，不仅让半透明的镜边亮了起来，还显现出了镜后灯赋予镜面的悬浮效果。

10.6 马桶区域的照明设计

从光源布置的复杂程度上来看，马桶区域（坐厕区域）的光源布置既可以算是最简单的，也可以看作最复杂的。其简单之处在于，即使仅仅为其安装一盏壁灯，也可起到良好的照明效果；而复杂之处在于，如果想利用灯光设计为马桶区域增添几分艺术感，那么就需要加入一些具备装饰性的照明处理（注意，这里的装饰性照明，并不是指灯具外形所带来的装饰性，而是指灯光的装饰性）。

当为马桶区域选择照明灯具时，应当将实用性与简约性放在首位，一些样式复杂的灯具并不适合放在这一区域。

↓ 灵活的射灯

该马桶区域的照明光源主要是由安装在天花板处的壁式射灯所提供，该款壁灯是由三个独立的光源所构成，并且每个光源的照明方向均可调节，其中左侧的两盏射灯主要为下方区域提供照明，而右侧的一盏射灯，则主要为天花板带来局部洗墙式照明。

← 彰显格调的背景光

在左图所示的马桶区域中，设计者在马桶背景墙面上方的三分之一处开辟出了一块凹陷置物区，并加入了用于强调结构的隐藏式照明，彰显出独特的格调，与此同时，天花板右侧吊顶处所散发出的光线，则照亮了下方的马桶区域。

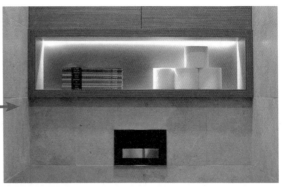

⬉ 显眼的暖光

设计者将马桶区域与淋浴区域同时合并在了一间面积不大的空间中，首先其通过在天花板处安装一盏固定式嵌灯来构成普照式照明效果，而后在墙面中央的置物处添加隐藏式灯带，来制造出颇具艺术感的局部照明效果，而该区域所散发出的暖色光芒，更是让它成为极为显眼的存在。

TIPS ▸▸

有些人在夜晚睡眠的过程中有起夜的习惯，为了不干扰正常睡眠，设计者可在马桶区域增加一盏低亮度的灯具，用作夜间照明，避免因过亮的光线而导致人们丧失睡意。

➡ 柔和与强烈

首先，设计者在马桶的左侧墙面上方，安装了一盏散发着柔和光芒的漫射型灯具，为该区域提供基本的照明，而后，设计者在马桶后方的墙面上开辟出了一块用于摆放装饰品的小型壁龛，并在壁龛的上侧安装了一盏聚光灯，为其内部装饰提供显眼而强烈的焦点式照明。

10.7 洗浴空间的实用灯光与氛围灯光

　　在现代卫浴空间的设计中，洗浴空间通常被分为浴缸区域与淋浴区域两种，在同一个卫浴空间中，这两种区域可以同时存在，也可以独立存在。这两种区域在用光处理上，也存在着些许差异。

　　无论是何种洗浴空间的灯光设计，都不外乎基于两个原则，一种是实用性的灯光设计，另一种是用于营造氛围的灯光设计。

　　实用性灯光就是以照明为主的灯光设计，在大多数家庭的卫浴空间设计中，人们会基于这一原则进行灯光处理，其中最为重要的设计要点便是灯具的防水性，这一点至关重要。

　　所谓氛围灯光，是指利用光线的营造，或者是特殊灯具的使用，让洗浴空间拥有某种别样的氛围。

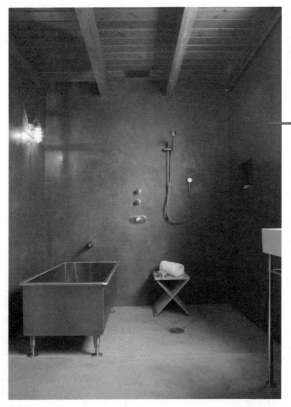

◤ 高处的壁灯

在这间风格趋于原始的卫浴空间中，设计者仅在左侧墙面的高处安设了一款样式简约的壁灯，且不论这款壁灯的防水性如何，单从其所在位置，便已经基本远离了浴室中的水源，与此同时，由灯具所散发出的温暖光芒，更是冲淡了室内的清冷。

↖ 四角分布

在该淋浴空间的设计中，设计者在空间上方的天花板处安装了一块大型入墙式花洒，并在方形花洒的四角处添加了一组嵌入式灯具，为下方的洗浴区带来稳定而均衡的照明。

TIPS ▶▶

　　如果所在的浴室中安装有淋浴设备，那么在其四周最好不要安装壁灯或吊灯，以避免造成灯具进水，引发安全事故或灯具损坏。

→ 稳定的照明

由木质材料所筑造的洗浴空间，散发出一种来源于自然的淳朴气息，在此基础上，设计者在洗浴空间内部的上侧顶部安装了一排射灯，直接射入下方的照明光线，为整个空间带来了稳定而均衡的照明效果，而这也正体现出灯具的实用性。

TIPS ▶▶

　　如果设计者为洗浴空间选择了以自然光源为主的烛台灯具来渲染氛围，那么一定不要忘了为灯具添加一款防水灯罩，以避免水汽或水源洒向蜡烛，从而让蜡烛熄灭。

↓ 白色的浪漫

下图所示的卫浴空间，几乎被大面积的白色所覆盖，使之流露出了一种清澈的纯美气息，不仅如此，设计者还在小型浴池的上方安装了一块白色的枝形蜡烛吊灯，并同时在浴池的四角处添加了四盏迷你型玻璃烛台，这样的灯具设计便将整个室内的浪漫氛围推向高潮。

↑ 挺拔的格调

安装在该浴缸区域上方的三盏壁式射灯，同时具有上下两个开口，当暖色光源开启以后，光线沿着墙面笔直地向上下两个方向发散，这样的灯光设计，不仅对下方洗浴区起到了实用性的照明作用，还让墙体结构收获了一种挺拔且充满现代化的视觉表现力。

10.8 卫生间的彩色灯光设计要点

所谓彩色灯光，是指之前所提及的彩光，而笔者在本节中所讲到的彩光，主要是指一些色调浓艳的有色灯光。

就卫生间而言，彩光的使用一定要注意一个原则，就是不能在对灯光显色性要求较高的镜前区域及洗漱区域的照明中使用彩光，最好将彩光带到洗漱台下侧、吊顶等注重气氛表达的区域。

↑ 蓝调的气质

在本卫生间的设计中，设计者选用了黑色马赛克瓷砖，将除天花板以外的所有墙面整体平铺了一遍，从视觉上便显现出一种冷硬且不失品质感的格调。在此基础上，设计者还将一种气质冰冷的蓝调彩光带到了洗漱台的下侧，借此产生出既微妙又充满吸引力的神奇视觉效果。

当选择彩光来装点卫生间时，如果单一的彩光设计不能满足需求，可以考虑将多种彩色光带到同一室内空间中，但最好选择拥有可变色光源的灯具来照明空间，这样一来，便可让居住者在不同的时间段，根据自己的心情或喜好进行不同的彩光照明选择。

当选择多种彩光来营造空间氛围时，需要注意的是，最好不要采用多种不同的彩光来同时照明空间，混乱的用光会在短时间内加速人们的视觉疲劳。

 情感的交替

首先，设计者在镜面的后方安装了光源色为白色的隐藏式灯具，使得镜面与灯光能够完美融合在一起，而后在洗漱台的下方区域安装了散发彩色光芒的隐藏式灯具，并且该款灯具还具备变色功能，通过光源色的变换，使该区域在散发着不同情感的光影风格中相互交替，设计者还将这种彩光带到了马桶区域。

Chapter

11

卧室空间的
照明设计

- 卧室的照明功能性
  需要减弱
- 选择适合卧室风格
  的装饰灯具
- 隐藏灯光在卧室中
  的运用
- 床头灯的几种搭配
  设计
- 选择恰当的灯光
  色彩

作为家庭成员休息的重要场所，卧室又被称为睡房或卧房。从居住者在每一个住宅空间中的停留时间来看，卧室无疑是人们停留最长的空间区域，因此，人们往往会对该区域的规划与设计格外用心，这其中也包括对该区域的灯光设计。

在卧室照明的设计中，不需要让空间获取较高的照度值，而应尽量采用照明效果较为舒缓、柔和的灯具，除此之外，应尽量让空间与户外通风，让室内空气流动起来。这样的设计还可将自然光线带到卧室空间的照明中。

在通常情况下，设计者会采用一盏或一组光线柔和的灯具安装在天花板区域，以满足居住者在该空间的基本活动用光，除此之外，大部分居住者喜欢在卧室床头处安设灯具，一来是为了便于居住者夜间起床的照明；二来是为了满足居住者睡前阅读的照明需求。

除了前面提到的两种基本用光以外，一些氛围性的照明，也广受设计师及居住者的青睐，但在这些氛围灯光的设计中，应立足于安宁、舒适的基调，否则便会破坏卧室空间应有的氛围。

有些人喜欢在床头的天花板处安装射灯，其实这并不科学，但如果一定要安装，那么居住者在睡眠时，一定要将该组灯具关闭，否则不仅会影响人们的睡眠质量，还会让睡在床上的人产生一种压抑感。

11.1 卧室的照明功能性需要减弱

在前面已经多次提到，在卧室空间的照明设计中，应尽量保持空间灯光的柔和度，不需要明亮的光线，只要满足正常需求便可，因此需要在合理范围内，减弱卧室的照明功能性，但这并不是说我们需要大幅度减少卧室灯具的数量，而是在合理控制灯具数量的同时将室内照度控制在人眼感到舒适的范围，这样的灯光处理还可在一定程度上缓解居住者白天紧张生活所带来的压力。

◤ 柔和的场景

在该间色调素雅的卧室中，设计者首先在卧室的天花板处安装了一款漫射型灯具，借此为整个空间带来柔和的光感。另外，设计者还在床头的隐蔽处，安装了向上照射的隐藏式灯带，为柔和的空间增添了几分缥缈气息。

11.2 选择适合卧室风格的装饰灯具

在大部分室内设计中，除了儿童卧室以外，成人卧室风格往往是住宅中其他空间的风格延续，而其所呈现出的风格走向，可在一定程度上反映出居住者的性格特征及相应的消费水平。

准确把握卧室的整体风格，而后选择与卧室风格相契合的装饰灯具，才能保证空间所显现出的视觉效果具有协调感与统一性。

当我们从相同或近似风格的角度来选择装饰灯具时，一般会从灯具的色调与材质两个方面来挑选适合卧室风格的灯具，如果想求得一点变化，最好不要在色调上做出改变，但可在灯具材质上做点文章。

◀ 欧式轻奢华的演绎

在加入具有欧式风情的罗马立柱元素的同时，设计者还运用了大面积淡黄色系与白色来铺就空间，使得一种欧式轻度奢华气息在空间中蔓延。除此之外，地面上所铺就的绯色地毯，更是将古典气息带入到卧室当中，最后在画龙点睛的欧式奢华吊灯的共同演绎之下，显露出居住者不凡的品位。

↴ 中式古典

在卧室床头墙面上的壁画，将一种浓郁的中式古典风带到了整个室内，与此同时，安设在床头两侧的台灯，其底座犹如堆砌岩石的外形，让其与周围环境完美契合。

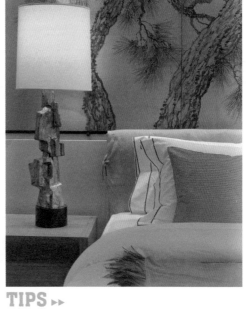

↴ 纯纯的浪漫情怀

在大面积白色与小面积蔷薇色的共同演绎之下，一股纯纯的浪漫情怀在空间中萦绕，而悬挂于天花板处的装饰吊灯，不仅采用了与环境相搭的裸色调作为其配色，还采用了质感柔软的材质来制作灯罩。

TIPS ▶▶

在大部分空间中，灯饰风格与环境是相契合的，但在一些采用混搭风格作为设计理念的空间内，设计者可能会采用与环境反差极大的灯具来照明空间，而这时灯具便会在空间中显得极为出彩。

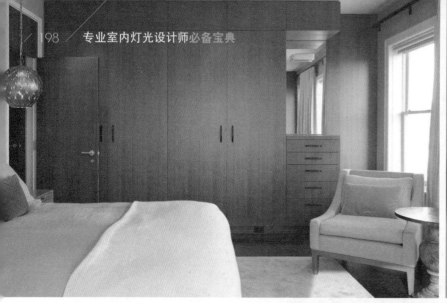

↑ 反差与协调

从材质上来说，出现在卧室中的金属灯饰与整个环境反差极大，但在色调上，却与周围环境达到了基本协调，因此，我们判定这款灯饰是适合本卧室的。

↑ 安静的颜色

安装在卧室中的吊灯与除地面外的整个室内环境基本由蓝、白两色所覆盖，这样的设计不仅符合卧室静谧的氛围，还仿佛将来源于自然的纯净空气带到了室内。

↑ 低调奢华

本卧室的内部空间是由以灰色调为主的无彩色系所铺就，使整个空间获取了一种中性化风格，为了在这样一个略显低调的空间中融入一份不一样的格调，设计者在一侧的床头处安装了一盏水晶吊灯，其透明的外形使之完美融入无彩色环境中，其所散发出的璀璨光泽为空间带来了一份奢华气质。

11.3 隐藏灯光在卧室中的运用

在卧室空间的气氛照明设计中，隐藏式灯具是设计师们最常用到的照明灯具，它的出现能为整个空间增色不少。

说到隐藏式灯具在卧室空间中的运用，可从其安装位置上来进行分析，其中床头区域与床的下方区域应该是一个设计重点，将隐藏灯光带入这两个区域，可为居住者带来一个颇为轻松且不失情调的就寝氛围。

↑ **床头的高处**

在床头背景墙上方的四分之一处，设计者安装了光线向上照射的隐藏式灯带，使散发出的灯光能够照亮上方的天花板区域，这样一来，既增亮了室内氛围，又突显了卧室局部空间的建筑结构。

↘ **过渡舒缓的背景光**

同样是将隐藏式灯光带安装到卧室床头的背景墙区域，只不过在该空间的照明设计中，设计者让安装在墙面隐蔽处的灯具所散发出的白色光芒顺着墙面的上侧缓缓过渡到其下方，使之带来了一种安宁而舒缓的室内氛围。

➡ **来源于铬黄色的暖意**

整个卧室几乎被大面积的银灰色调所覆盖，为了打破这种环境设计者所带来的清冷感，设计者便在双人床的最下方安装了隐藏式灯具，当电源开启后，隐藏式灯具散发出的铬黄色光芒便成为整个卧室中最为突出的看点，它的出现还为空间带来了一份温馨与惬意。

TIPS ▶▶

在卧室空间的照明设计中，隐藏式灯光只能作为氛围照明，因此，为了保证居住者在除睡眠以外的时间段内能够进行正常的日常活动，需要同时搭配提供实用性照明的灯具来点亮空间。

➡ **悬浮的背景墙**

在床头背景墙与其后方墙面的缝隙处，设计者安设了一款散发着暖色光芒的隐藏式灯具，这样的光源设置让位于前方的蓝灰色调背景墙好似悬浮起来一般，这种颇为新颖的设计进一步提升了该卧室的视觉表现力。

◤ 柔美的曲线

散发着白色光芒的隐藏灯具，照亮了有着曲线形壁龛结构的天花板区域，这样柔和的光晕曲线，为整个卧室平添了一份柔美的情怀，并将隐藏灯光所带来的氛围照明表现得淋漓尽致。

通过前面几章的学习，我们会发现这样一个现象，当空间内出现壁龛结构时，设计者除了喜欢在壁龛内部安装射灯以外，便青睐于在壁龛内安设隐藏式灯具，因此，如果你所在的卧室中存在着一些特殊的壁龛结构，那么不妨将灯光带隐藏到其中吧！

◤ 床头的壁龛

在洁白的墙面上，开辟一块方形的壁龛区域，并将隐藏式灯具安装在壁龛的上侧，当白色的光线顺着墙面洒向下方的装饰物件时，本身就散发着古雅气息的装饰品多出了一份意境美感。

为卧室的窗户区域选择一款遮光性良好的窗帘是十分必要的。在一些设计师的眼中，窗户区域也是安设隐藏灯具的一处绝佳选择。

当飘逸的窗帘伴随着高处的隐藏灯光随风摆动时，你一定会惊叹于它们所展现的美好。如果你所选择的隐藏灯具为有色光源，那么一定要与窗帘的色调相搭配，使灯光与窗帘在视觉上完美契合。

为了便于在窗帘上方安装隐藏式灯具，可以考虑为其添加一个吊顶或缝隙结构，如果觉得过于麻烦，那么就为窗帘选择一款遮光性较好的窗幔吧！

↑ 连续的场景

在本卧室的设计中，设计者在天花板处增加了吊顶结构，随后便在墙面与吊顶的缝隙间安设了散发着淡淡白光的隐藏式灯带，其所散发的光芒不仅照亮了床头的背景墙区域，还一直延续到了卧室的窗帘区域，素雅的窗帘与白光的搭配，灵动而飘逸。

11.4　床头灯的几种搭配设计

　　床头灯的选择与搭配设计，是整个卧室照明的设计重点之一，因此，设计者需要在该区域的灯光处理中格外用心。

　　在各种灯具类型中，台灯应该是床头区域最常用到的照明灯具。在通常情况下，人们习惯于在床头两侧安装台灯，从而借此带来均衡、稳定的局部照明，当然，这需要床头两侧留有足够大的空间来放置用于安放台灯的床头柜。在挑选床头台灯的样式时，需考虑床的大小、灯具的照射范围，以及居住者所想要达到的照明效果。

↑ 装饰大于照明
在这个洋溢着现代化气息的城市住宅中，设计者在其卧室床头的两侧安放了两款相同的台灯，由于其灯罩是由黑色不透明材质所制成，因此，从某个方面上来看，其装饰性大于照明功能。

↑ 柔和的现代主义

在这个洋溢着混搭风情的卧室中，设计者将两盏无底座台灯带到了床头两侧，这款灯具造型简单，但却将现代化创意性表现得十分透彻，而其本身所具有的半透明灯具外壳，让其散发出的光线趋于柔和。

↑ 简约的现代台灯

将两盏造型简约的现代台灯安装在床头两侧，使得区域性照明更加均衡，与此同时，由于双人床的面积颇大，设计者为了扩大床头灯的照射范围，便选择了一款灯臂颇长的台灯，让光线到达再远一点的区域，以确保每一处床头区域皆不会被人们所忽视。

◀ 单侧床头照明

在本儿童卧室中，由于床的一侧紧靠墙面，因此，设计者便仅在床头的一侧安放了一张边桌及照明台灯，但从灯具的照明效果上来看，已足以满足儿童在夜间的需求。

在一些特殊的卧室结构中，由于格局的限制，设计者仅能在床头的一侧安放照明台灯，但如果卧室放置的床铺为单人床或面积不大的双人床，那么这并不影响它所带来的实用性照明效果，如果所照明的床铺为面积颇大的双人床，那么就需要你考虑在床头处换一种照明方式。

◀ 左右皆可

如左图所示，这是一间安放了两张床铺的卧室，在对床头灯的选择设计中，设计者在两张床铺之间安放了一盏台灯，这样一来，便可让左右两侧的床头区域获取均衡的照明，当然，如果卧室的面积足够大，可考虑在两张床铺的另外一侧区域添加两盏相同的台灯。

在当今卧室空间的照明设计中，虽然大部分设计师喜欢用常规的台灯来照明床头区域，但对于追求新鲜感，或者是对空间设计感要求较高的群体来说，他们会试着采用壁灯或吊灯来点亮床头区域。如果设计师（居住者）选择的是壁灯作为照明灯具，那么可参考台灯的布置手法，将壁灯安设在床头两侧墙面处，并且在通常情况下，壁灯的所在高度要高于床挡头。

TIPS ▶▶

如果选择了壁灯来照明床头区域，那么对壁灯的安装位置需要谨慎考量，否则一旦安装上，就很难改变其所在位置。

↘ 平衡的照明

在床头两侧的墙面上安装两盏同款壁灯，使之为床头区域带来均衡的照明，与此同时，上下开口的灯罩，将壁灯所散发出的光线带到了空间上方，突出了该区域的建筑细节。

← **任意调控的光线**

在白色床挡头的上侧，设计者为居住者选择了一款体积虽小，但灯臂可任意旋转调节的壁灯组，这样一来，居住者便可根据自身的需求，让光源从不同角度照亮所想要获取光亮的区域。

↗ **控制灯臂的长度**

在本卧室区域的床头壁灯拥有可任意伸缩的灯臂，这样一来，灯具不仅可照亮床头的两侧区域，还可通过灯臂的调节为整个床铺带来照明。同时灯具的银灰色金属质地，也让它能够完美融合于整个环境中。

选择了吊灯来点亮床头区域以后，一定要为其选择一款吊链（吊线）足够长的吊灯！只有这样，才能达到较为理想的床头照明效果。

↑ **高处的壁灯**

为了提高卧室的整体美感，设计者便在床挡头的上方区域安设了一幅颇具古韵的画作，还将对称的两盏壁灯安装在了画作两侧，并与画作的上边缘对齐，让光线从较高的位置洒向床头区域，但这种光线不适用于床头阅读。

← **拉近距离**

将两盏线吊式壁灯安装在床头两侧的天花板处，长长的吊线，使其能够完美照亮下方的床头柜。由于灯具外壳本身的透光性极佳，因此，其所散发出的光线还能为周边区域带来一定照明。

↑ 专注的照明

安装在该卧室床头两侧的吊灯，属于一种直接型灯具，因此，灯具内所安装的光源能够让光线统一朝下侧方向进行定向照明，为两侧的床头区域带来专注且颇具暖意的光亮。

TIPS ▶▶

从实用性与便捷性的角度出发，控制床头灯具的电源，最好安装在床头附近，使居住者即使在床上，也能快速地开启或关闭灯具。

→ 旋转的音符

吊灯的光源呈旋转形态，从上至下，依次流动至床头区域，好似旋转的音符一般，为其所在区域带来了不一样的活力与生命，而其璀璨的外形，更是为这个空间注入了一种别样的情调。

如果设计者觉得一组灯具并不能满足居住者在床头区域的所有用光或装饰需求，那么可考虑采用混合式搭配法来制定该区域的用光方案，其主要设计手法是通过两组或两组以上的照明组合来照亮床头区域。

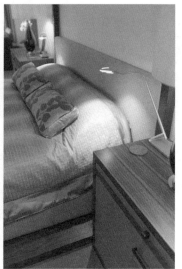

◀ 两组台灯

首先，设计者在双人床两侧的床头柜上放置了两盏经典款台灯，它的出现，既装点了空间，又带来了基本的床头照明。随后，设计者还在床头柜靠床两侧的边缘处安装了两盏样式简约的 LED 金属台灯，这样的灯光设计，可为居住者带来具有一定护眼功能的阅读光线。

➡ 分散与集中

暖色的电光源在半透明灯具外壳的包裹下，让光线呈分散状态洒向床头两侧区域，这一组台灯的出现，为中性化的卧室空间带来了一份温馨。除此之外，设计者还在床挡头上方的边缘处安设了两款灯臂可调节式灯具，其主要作用是为居住者夜间的阅读提供实用而集中的照明。

11.5 选择恰当的灯光色彩

卧室中的灯光，应该是安宁而又美好，温馨而又惬意的，因此，在对卧室空间的光源色进行选择时，一定要遵从这一要点，在通常情况下，人们习惯于采用暖黄色调的灯光色彩来渲染温馨舒适的卧室氛围。

除了暖黄色光源以外，在一些卧室的灯光设计中，白色光源也广受人们喜爱。在卧室中使用白光照明，也许是设计师想保留卧室原本的素雅氛围，也可能是在整个卧室布置中，设计者使用了相对鲜明的色彩元素，或者是卧室空间的整个色调相对浓烈、花哨，从而使用白色光源从中调和。

↑ 暖意融融

在床头的背景墙区域，设计者在灰色墙面与砖砌石墙之间的隐蔽处安设了一条隐藏式灯带，其所散发出的暖黄色光线，仿佛是阳光透过缝隙洒向室内空间，在此基础上，设计还将两盏同样散发着暖色光线的台灯带到了室内，使得整个卧室洋溢在一片暖意融融的氛围当中。

← 用好暖色调

整个卧室空间,几乎被大面积的暖色所覆盖,设计者希望借此来突显出卧室的温馨氛围。另外,同为暖色调的暖黄色光源的加入,进一步提升了卧室的视觉温度,让置身其间的人们,仿佛沐浴在热烈的阳光中一般。

← 保持素雅

整个卧室色调淡雅,为了保留空间所拥有的这种素雅风格,设计者特意采用白光照明,以避免其他光源色所带给空间氛围的不必要影响。

↓ 光线的陪衬

设计者首先以杏仁色加白色来构建整个空间基调,而后便在空间中加入色调鲜明的色块元素,以制造出强烈的视觉反差效果。同时,为了起到良好的陪衬作用及不影响色块的视觉表现力,设计者采用了白光来照明空间。

Chapter

12

家庭工作间的
照明设计

- 拉近灯光与书桌的距离
- 为计算机操作者提供舒适的照明环境
- 书架上的嵌入式照明可满足多重需求
- 工作间的布局决定了用光区域

所谓家庭工作间，就是人们通常所说的书房，在住宅中加入这样一个活动区域，主要是为了方便居住者在家庭生活中，同样能够拥有一个独立的办公环境，当然，人们还可以在家庭工作室中进行阅读、业余学习等日常活动。

相较于卧室、客厅等必要空间，家庭工作室应当算是一个附属空间，因此，一般只有中、大户型的住宅，或者是居住者有特殊需求的住宅中，才会使用一个独立的房间作为家庭工作间，更多的中小型住宅会在卧室或客厅中开辟一个小型办公区。

从灯光的角度来看待家庭办公区的设计，可从两个角度来分析，一种是稳定明亮的全局照明，另一种则是具有针对性的局部办公区域照明，后者的用光比前者更加重要。

在整个家庭办公区中，一套完整的书桌及书桌椅是必不可少的，由此可见，对该区域的照明设计是办公区的一个设计要点。当在为书桌区域选择照明灯具时，应尽量选择无频闪的照明光源，这样能对居住者的视力起到一定的保护作用。另外，书柜区域的照明也是一个灯光设计重点。

在空间结构允许的情况下，尽量保留自然光线，毕竟明亮的自然光线是最适合用于阅读的照明光线。为了让书房氛围趋于平和与安宁，一定不要使用斑斓的彩光照明，或者是一些光线花哨的镂空灯具等。

12.1 拉近灯光与书桌的距离

　　一个好的家庭办公区照明，一定拥有一个优质的书桌照明环境。如果居住者经常会在书桌区域中进行书写、阅读，或是一些手工操作活动，那么一定要让书桌区拥有足够明亮的照明光线，在这种情况下，最简单的照明设计方式便是拉近灯光与书桌的距离，使灯光能够直接而准确地照亮书桌区。除此之外，如果所在的书桌区以书写、阅读为主，那么尽量选择较为护眼的白色或淡暖黄色光源。

　　为了保证灯光与书桌足够接近，可以使用吊灯、壁灯，或是一盏书桌灯来作为灯具，但如果你通过吊灯来点亮书桌区，最好使用加长型吊灯。

TIPS ▶▶

　　如果你觉得仅仅是将吊灯安装在书桌上方便，那就大错特错了。在实际设计中，需要考虑办公者在书桌周围坐下以后的朝向、高度等因素，让吊灯能够为书桌提供所需照明，而非照亮办公者的头顶。

↑ 充足的照明

在矩形书桌上方的天花板处，设计者安装了两盏链吊式吊灯，长长的金属链条将照明光线带到了书桌区域，并让书桌表面的每一个角度均获取了充足而明亮的照明，不仅如此，设计者还特意为灯具选择了一款磨砂外壳的灯泡作为电光源，由漫射型材质所制成的外壳能避免强力光照所产生的眩光现象。

← 简约的小型壁灯

设计者在墙面的一侧，加入了一条长长的操作平台用来代替办公书桌，另外还在书桌上侧的不远处添加了一组小型壁灯，这样一来，便可让照明光线足够接近下方的操作平台，并且其简约的外形也十分符合整个书房环境的设计风格。

↓ 高挑的灯臂

在这个不大的办公区域中，设计者为其选择了一款通体纯白的现代书桌灯作为光照来源，这款灯具的灯臂较长，并且可根据办公者的使用情况进行调节，让光线从不同的高度接近桌面，其微微弯曲的灯臂，不大的梯形国王形灯罩，让它看上去仿佛是一个高挑的绅士一般。

12.2 为计算机操作者提供舒适的照明环境

在现代化家庭办公区的设计中，计算机应当算是一个不可缺少的办公必需品。与需要明亮照明的书写、阅读区域不同，计算机所在区域更加注重灯光的舒适性，因此，本身就散发出明亮光线的电脑屏幕区域，并不需要过于明亮的灯光，当然，如果不增设任何照明设备，仅让屏幕明亮的计算机处于昏暗的环境中，会加速操作者的视觉疲劳。

为了给计算机操作者提供舒适的照明环境，我们可以从光源本身的强弱、光源离被照射区域的距离，以及光源色的选择等多个方面进行调节与设计。

⬆ **洒向四处的光线**
悬挂安装在计算机上侧天花板区域的两盏吊灯是该区域的主要照明光源，由于吊灯的灯罩是由透光性较好的透明材质所制成，因此，由灯泡所散发出的暖调光线能够均衡地洒向房间的四处，当然，其对下方计算机区域的照明也足够柔和。

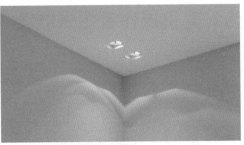

◤ **宁静的一角**

为了给放置在室内转角处的计算机提供照明，设计者在其上方的天花板处安装了两盏嵌入式射灯，虽然射灯属于光照能力较佳的直接型灯具，但由于光源离计算机操作区较远，因此，当光线洒向该区域以后，也趋于柔和，与此同时，这种转角式的照明设计，更是在空间内开辟出了醒目而又不失宁静气氛的一角。

如果居住者仅仅是在计算机前进行办公或娱乐操作，那么为了减少不必要的浪费，请试着关闭空间内的其他光源，仅留下一盏书桌灯来照亮计算机区域，并且所选择的书桌灯并不需要具备如同照明书写、阅读区域所使用的书桌灯那么明亮而集中的光线，仅需要柔和、舒缓的光照即可，并且用于计算机区域的书桌灯对光源显色性等方面的要求，也没有那么严格。

↑ **温暖的光线**

一盏 LED 书桌灯将一股柔和且舒适的暖色光线带到了阴冷的室内，光线照亮了放置笔记本电脑的书桌区域，为其提供极为实用的夜间照明。

在计算机区域的灯光布置中，一些居住者会在计算机键盘处增设一款单独的照明灯具，以方便居住者在夜间主光源关闭的情况下，进行正常的计算机操作。

在计算机周边安设灯具时需注意，不要让光线直接照射在电脑屏幕上，否则会在屏幕上形成明显反光区，造成计算机操作者的阅读阻碍，并会使其眼部产生不适感。

◥ 键盘区的照明

在计算机屏幕的一侧，添加一盏直接型照明台灯，并将光源直接对准下方的键盘区域，使该区域获取局部照明效果，并且也避免了光线直接照射在计算机屏幕上。

TIPS ▸▸

如果觉得单独为计算机区域安装一盏灯具过于麻烦，或者是计算机周围没有合适的电源插座，那么不妨选择一款能直接与电脑相连的USB灯具，这样在需要照明的时候，直接将灯具与电脑相连即可。当然，这种灯具的使用需要电脑上有空余的USB接口来安装灯具。

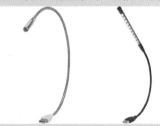

12.3 书架上的嵌入式照明可满足多重需求

用于放置图书的书架（书柜）也是家庭办公间的一个重要组成部分。如果书房面积比较大，可以选择独立式书架来摆放图书；如果面积较小，不妨选择书架与书桌相连的一体式书桌。不论是哪一种书架形式，都可以通过一种照明形式来点亮该区域，那就是嵌入式照明设计，这种灯具不仅能够节省灯具在空间中的占有面积，还可提高书架区的视觉格调感，并且还可以根据书架区的实际格局，选择不同的嵌入式照明方式，借此来满足居住者不同方面的照明需求。

◤ 一体式书桌的照明设计

在这样一个一体式书桌的照明设计中，设计者在每一层放置书籍的白色隔板的底部前方，皆安装了嵌入隔板的隐藏式灯具。其中，嵌入上方两层隔板的灯具，主要是为书籍储存区提供照明，而处于最下层的嵌入灯具，则是为下方的办公区域提供基本光照。

↑ 白色的光带

这是一个现代化的书籍取阅空间，放置书籍的每一个储存单元格，其大小与形态皆有所区别。设计者将嵌入式灯具安装在了书柜外侧表面，使之以一种面板灯的形式存在，这样的灯光设计不仅显现出了极强的现代化特色，还为每一层单元格提供了适当的照明，并同时为书柜的前方空间带来了明亮而充足的光线。

← 实用与休闲并存

如左图所示，出现在休闲沙发椅上方的储存空间为该套住宅的书籍储存区，设计者将四条灯带安装在了书架靠墙一侧的隐蔽处，使之成为一种嵌入式设计。当暖黄色光源开启以后，上方三条灯带为书籍储存区带来了实用性照明，最下侧的灯带则为沙发椅带来了富有休闲气息的照明。

12.4 工作间的布局决定了用光区域

在前面的几个小节中，主要是从家庭工作间单个区域的用光进行解析。如果所在的工作间足够大，那么最好从工作间的布局来决定空间的用光区域，既可减少不必要的电能消耗，也可让空间的照明更加细致。

在设计中，工作间的布局又可分为局部布局与整体布局两种。简单来说，局部布局就是空间内局部区域的灯光布局，当然，这里的局部区域通常面积较大，并且所用到的灯具不止一种。

↘ 两侧的照明

本书房的办公区域是由两张纯白色的简易书桌拼接而成，整个办公区的面积颇大，因此，为了满足办公桌的照明需求，设计者便在书桌的两侧安装了两盏样式相同且方便移动的新型 LED 书桌灯，这样一来，便可以最简单的方式满足局部区域的用光。

↑ 三种灯具的使用

如上图所示，由于该局部工作区的格局主要是由沿着墙面安装的简易隔板所构成，为了让该区域获取有效且实用的照明，设计者首先在当作书桌的隔板上方安装了一组嵌灯，为下方区域提供稳定照明，而安设在计算机左侧的书桌灯，则进一步为计算机区域提供了照明，安设在转角处的台灯，则为另一侧空置的书桌区带来光照。

当为不同的工作间布局选择合适的照明灯具时，可以适当添加一些用于氛围照明的灯具，并同时将氛围照明所在区域的亮度控制在较暗的范围，这样的设计不但能够进一步提升工作区的格调感，还可突显出书房所特有的沉静气质，但是这样的光线，不适用于写作及阅读等活动的照明。

↑ 气氛的渲染

在嵌入墙面的凹陷空间中，设计者不仅放入了一些书籍，还摆放了一些装饰元素，并在其内部安装了隐藏式照明灯具，用于突显这些物品。在书桌的左侧，设计者放置了一盏红色落地灯及一盏小型蜡烛灯具，这样的灯具使用，与其说是为了照亮空间，更多的是为这样一个局部空间带来一份不一样的情调。

　　所谓的全局布局，就是对整个书房各个区域的布局设计，与之相对应的便是对不同区域的灯光布局，与局部灯光布局相比，全局布局需要设计者考虑得更多，简单来说，就是将局部布局的面积扩大，延伸至整个室内。当然，如果居住者对书房灯光的要求十分严谨，那么可在进行全局灯光设计以后，再对各个局部区域进行更加深入的局部灯光设计。

↗ **简单合理的书房用光**

在书房天花板区域安设了一组嵌灯，为整个空间带来了稳定均衡的一般照明，而后设计者在左侧沙发阅读区两侧的墙面上安装了一对壁灯，为居住者的阅读活动提供充足照明，最后放置在电脑旁的现代台灯，便是为了给电脑区域提供柔和的照明。

Chapter

13

休闲空间的
照明设计

- 健身房中的实用性照明
- 阳光房的采光方式
- 阳光房灯具的安装方式
- 休闲游泳池中的水下射灯
- 出现在游泳池中的氛围照明

在住宅空间中，健身房、阳光房及游泳池是居住者最佳的放松去处，只不过想要在住宅中预留出这些空间，需要住宅的面积足够大。虽然上述三种空间皆属于住宅中的休闲空间，但是在用光手法上却存在一定差异。

健身房属于住宅中的运动休闲空间，在这一空间的照明设计中，并不需要过于华丽的灯饰，而应当将实用性放在首位。与此同时，在为健身房制定照明方案时，应将该空间的照明度控制在较高范畴，以保证该空间的运动安全性。

阳光房，其英文名称为winter garden，直译过来便是"冬日里的花园"，从其名称上我们便可知晓，即使在大雪纷飞的冬日，人们也能在封闭的阳光房中享受温暖的阳光，如果能在阳光房内种上些许植物，那么阳光房也可成为冬日里的花园。在阳光房的照明设计中，室外的自然光线是最主要的照明来源，因此，设计者应当将阳光房的采光设计作为该空间的设计重点。

住宅中的游泳池，又分为室内游泳池与室外游泳池两种。出于安全性的考虑，游泳池的照明应保证充足的光亮，特别是在泳池的水域区，更是要设置足够多的照明灯具，以满足居住者夜间游泳的需求。

13.1　健身房中的实用性照明

在家庭健身房的设计布置中，除了留下必要的过道空间以外，空间内的地面往往会被大量健身器材所占据。因此，为了让健身房的每一块运动区域皆获取均衡而充足的实用性照明，可通过在空间的天花板处安装用于照明的嵌灯灯组，来达到预定的照明目的。

不论是采用嵌灯，还是其他灯具来照明，都要注意避开运动者的头顶，否则会给运动者的视觉与心理带来一定的压迫感，大幅度削弱健身房的休闲氛围。

↓ 简单明亮

将嵌灯组安设在健身房的天花板区域，并通过均衡的灯具分布，让下面的健身区获取简单却又足够明亮的照明效果，但并不是过于密集的灯具分布，有效避开了运动者的头顶。

TIPS ▶▶

在健身房的照明设计中，可以尝试加入一些蓝调的冷色光，这种光源色的出现，能够在一定程度上加强空间中的运动气息，但需要注意的是，不能完全使用蓝色光来照明空间，最好搭配暖色光或白光进行照明。

13.2 阳光房的采光方式

阳光房，从其命名上我们就可以看出，这是一种让居住者以享受阳光为目的的休闲空间，由此可见，采光对于阳光房设计有着举足轻重的影响。在之前的章节中，已经在多个地方对住宅的不同采光方式进行了概述，而在这里会对其进行详细介绍。

室内的采光设计可分为三种方式，它们分别是侧窗采光、天窗采光及混合采光三种。侧窗采光就是在住宅建筑的外墙上开设窗户，让自然光线映射到室内；天窗采光就是在住宅的屋顶上开设天窗，使光线从住宅上方投射到室内；所谓混合采光，就是侧窗采光与天窗采光的混合设计。在阳光房的采光设计中，一般不会使用天窗采光，侧窗采光与混合采光最常用到。

↑ 连续的侧窗

在这个绿意融融的阳光房内，设计者在其侧面墙体上开设出了一组面积颇大的采光口（窗户），连续的侧窗设计，使室外光线完美映射于室内空间中，让视野也仿佛变得更加开阔起来。

◄ 冬日里的梦中花园

在一片素白的墙面上，设计者开设
出了多个侧窗，透过窗户，可以看
见屋外的那一片清冷、素雅的雪色
景象。随着我们的目光移至阳光房
的内部空间，会发现在空间的装饰
中，设计者运用了大量的田园元素，
加上明亮的采光设计，让其成为一
间仿佛只有我们梦中才得以出现的
冬日花园。

◹ 遮挡不住的光线

倾斜的屋顶被设计者改造为一块巨大的天窗采光区域，
并同时将右侧墙面改造为一种类似于落地窗的建筑形
态。由两种采光方式结合而成的混合式采光，让整间
阳光房的内部沐浴在了一片灿烂的阳光中，遮挡不住
的光线，让置身其间的人们能够直接享受到阳光所带
来的美好情趣。

13.3 阳光房灯具的安装方式

一些设计师喜欢将阳光房称为玻璃房，那是因为阳光房通常是由大量的玻璃及其他建筑材质所搭建而成，但也正因为如此，许多灯具无法在阳光房内进行安装，特别是壁灯，其很难在空间内的侧墙体上找到合适的安装位置。

在确定阳光房的灯具安装方式之初，我们首先需要考察阳光房的整体建筑结构，特别是想要在其内部安设需借助墙体支撑的照明灯具时，需要勘察灯具所想要安装的区域适不适合灯具线路的安装，如果条件允许，便可进行后续的灯具选择及安装流程。

↑ 照明中心区域

设计者选择将一款烛型吊灯安设在采用混合采光设计的阳光房内部，当吊灯出现在空间上方的中心区域以后，瞬间便成为空间中的视觉焦点。它的出现还将人们的视线牵引至了阳光房内颇为新颖的顶棚处。

↑ 天花板上的吊灯

上图中所示的阳光房采用了侧窗采光设计，从而保留了空间内天花板的完整性，设计者便借助这一结构，将一组小型吊灯依次安装在了天花板之上，从而为下方阳光房内的就餐区域提供照明。

↖ **借助电缆系统照明**

左图中出现的阳光房，基本上由大量的透明玻璃所搭建，因此，人们很难在围合墙体与顶棚处找到合适的灯具安装位置，但是在设计者的细心发掘之下，一组照明电缆系统被带到了阳光房的上侧建筑中，当电源开启以后，一缕缕犹如阳光般的光线，从上方垂直映射在了空间中。

↑ **台上安装带来的照明**

选择在休闲沙发的两侧边桌上安装台灯的灯光布置方式来点亮阳光房，不仅可加强局部空间的照明强度，也不需要在空间内布置复杂的电源线路，只需要在合适的位置设置插座便可。

↖ **照亮局部区域**

在阳光房的墙角处设置一盏落地灯，使其照亮下方的单人座椅区域，并结合室外光线的照明，让整个空间不仅获取了明亮的一般照明效果，同时还拥有了可供阅读的光线。

TIPS ▶▶

想要在阳光房内安设壁灯，其实也不是不可以，这需要在为阳光房侧墙面开设侧窗时，让每一扇窗户之间留有一定的间隙，这时，就可以选择一组或一盏体型不大的壁灯安装在这些间隙当中。

⬇ 迷人的线条

在沿窗天花板的缝隙处安装一条隐藏式灯带，使整个阳光房即使是在昏暗的夜色中，也能被一股柔和的光晕所包裹，这种迷人的光影线条，同时也突显出了空间的休闲氛围。在转角处堆放的图书上安设一盏台灯，使房间拥有了明确的聚焦点。

13.4 休闲游泳池中的水下射灯

说到休闲空间，怎么能不提到游泳池呢？在自己的私人住宅中，开辟一块可供家人、朋友休闲的游泳池区域，是大多数人的梦想，但你是否认真考虑过，游泳池的灯光究竟要怎样设置？灯具的选择要点有哪些？

出于夜间游泳安全性的需要，在游泳池内安装水下射灯是必不可少的，在此基础上，最好将射灯安装在游泳池的内侧面，而非游泳池的底部，以避免水底向上直射的光线对水中游泳者的视线造成干扰。当然，你所选择的射灯，一定要具备较佳的防水功能。

 笔直的光线
设计者在游泳池内侧面的靠上区域安装了一排水下射灯，当灯具开启以后，一条条笔直的光线，照亮了整个水下区域，并由于整个灯具组的排列十分均衡，使得水下区域获取的光亮十分平衡，每个角落，无一遗漏。

13.5 出现在游泳池中的氛围照明

　　作为住宅中绝佳的休闲场所，除了用足够的照明来保证泳池区的安全性以外，还可在其中加入适当的氛围照明，特别是在夜间，当这些特殊的照明效果开启以后，能为前来泳池休闲的人们带来一种别样的情趣。

　　泳池又分为室外游泳池与室内游泳池两种，在为室外游泳池设置氛围照明时，可将重点放在泳池内的光影设置上。而在为室内游泳池设计氛围照明时，除了在泳池内添加氛围照明外，还可在空间的其他区域添加特殊的照明效果。

➔ 绿意中的蓝色影调

设计者将该套住宅中的室外游泳池开设在了一片绿色的草坪中，还在泳池的内侧面上安装了一组散发着蓝色彩光的射灯，让泳池区收获了一种宁静而梦幻的情调，同时，安装在泳池周边的草坪灯，则进一步提高了泳池的照明安全性。

➔ 星光璀璨

在这一处室内游泳池空间中，设计者在空间的天花板处铺设了大量微型嵌灯，并配合泳池内映射而出的蓝色光影，营造出了一种星光璀璨的夜色光景，迷人的光线，将整个空间的气氛推至高潮。

Chapter

14

半开放空间及外部空间的
照明设计

- 半开放空间灯光的
  过渡
- 半开放空间的情调
  照明
- 巧用灯光突出露台
  结构
- 植物与灯光的组合
- 找出并点亮瞩目点
- 找到放置灯具的最
  佳区域

在一些大户型的公寓及一些独栋类别墅户型的住宅空间中，半开放空间或外部空间的规划一定是必不可少的，并且如果能将这类私家领地的档次提升到一定水平，不仅能进一步提升居住者的生活质量，还能让拜访者感受到主人别样的生活情趣。

所谓半开放空间，其实就是指与室内空间相连，但同时又与户外空间相通的一个区域，比如生活阳台、露台，及一些与住宅外部紧密相连的屋檐空间等。当我们对这类空间进行灯光布置时，通常会从三个方面着手，第一种是过渡照明设计；第二种是用于制造休闲氛围的照明设计；最后一种则是通过合理的灯光设计，来突出半开放空间的建筑结构。

简单来说，我们这里所要讲到的外部空间主要是指独属于住宅主人的私家庭院或绿化区，对于该区域的光源布置，类似于之前所讲到的景观照明，只不过在本章节中会对不同的景观照明方案进行更加深入的讲解。

当设计者在为住宅的外部空间制定照明方案时，首先应考虑庭院中各区域景观的面积、植物形态及分布形式等因素，并注意对景观的主次进行区分，以便于通过照明方案的制定来体现出这种主次关系，除此之外，还需通过预定的照明效果来决定照明灯具。

14.1 半开放空间灯光的过渡

从建筑结构的角度来分析，半开放空间属于室内空间与户外空间的过渡空间，因此，在对该区域的照明进行设计时，可考虑采用过渡式照明方案。

半开放空间的灯光过渡，既可以是从室内空间过渡到半开放空间，也可以是从半开放空间过渡到室外空间，还可以通过一些特殊的灯光设计方案，将三个空间串联起来，但从常规的住宅结构上来看，前两种灯光过渡方案运用得更为广泛。

◥ **半开放空间与户外的衔接**

在我们目光所及之处，出现了一间摆放着组合式沙发的半开放休闲空间，为了将该空间与户外空间更好地衔接起来，设计者便在空间左侧的墙角线处安装了一排向上照射式灯组。由于该组灯组一直从半开放空间延伸到了户外空间，便将两个空间巧妙地衔接了起来。

◀ **屋檐下的灯光**

这是一个面积颇大的生活阳台，设计者将一组嵌入式灯具安装在了凸出的屋檐下方，从而让室内空间与半开放空间的照明有一定的过渡，并同时为下方的休闲躺椅区域提供一定的照明，让居住者即使在昏暗的夜色中，也能够享受晚风拂面的生活情趣。

TIPS ▶▶

在半开放空间的过渡照明设计中，如果出现了多组过渡照明灯具，那么一定要让每一组中的照明灯具，或者是处于同一层级的照明灯具，在亮度上达到统一，如果同一层级（同一组别）的灯具或明或暗，便会影响各区域的灯光衔接过渡效果。

▼ **细致的过渡**

同样是在屋檐的下方安装照明嵌灯组，使之为下方所摆放的小型植物提供照明，并且室内的光线还透过外墙最上方所安装的透明玻璃映射在屋檐处，从而让室内与半开放空间的过渡更加细致。另外，阳台外侧地面处所安装的地面隐藏式向上射灯，让半开放空间的光线，从上至下存在着一个过渡关系。

14.2 半开放空间的情调照明

在一些面积较大的半开放空间中，例如露台区域，人们会将其改造为一个小型的休闲区域，因此，当为其制定照明方案时，并不需要过于明亮的照明效果，反而应当以氛围照明为主。光线也应尽量柔和，减少灯光对人眼的刺激，从而让照明环境具备较高的舒适度。

提到氛围照明，蜡烛灯饰应该算是一个最佳选择，即使其照明效果不算太强，但对于以休息、聊天为主的半开放区域来说，也足够了。

↑ 一盏烛台

该住宅的外墙加入了大面积的落地窗设计，从而使得住宅内部的光线能够透过玻璃洒向处于半开放区域的露台。设计者还在两张休闲椅之间的方桌上摆放了一盏散发着微弱烛光的烛台，为该空间带来了一丝浪漫的情怀。该建筑的塑造中，使用了大量木质材料，为防患于未然，设计者在烛台的外部添加了一个阻燃的玻璃灯罩。

如果觉得一盏烛台所带来的氛围太过薄弱，那么可试着增加烛台灯具的数量，如果条件允许，还可加入其他类型的照明灯具。当然，不论选择何种照明灯具，都应契合氛围照明的设计主题。

记住，如果所在的半开放区域面积不是太大，那么尽量将灯光带到空间的每一个角落，这样可在一定程度上驱赶黑夜所带来的阴冷感。

TIPS ▶▶

现今市面上售卖的烛台灯具大多不具备防水功能，而属于半开放空间的露台区域，往往也是直接暴露在室外，因此，当不再使用该区域时，最好将烛台灯具收拣起来，以免经雨水冲刷后，造成灯具的损坏。

← 梦境中的露台

在这样一个处于房屋顶层的露台空间中，设计者首先将一串散发着柔和光芒的灯泡安装在了斜向切割的墙面边缘，使之成为颇为奇妙的背景灯光，而后，一盏盏微型烛台被设计者安放在了空间中的不同区域，或低或高，充斥在空间中的每个角落。总而言之，不论是露台的装饰设计，还是光影的处理，皆给人一种宛如梦境一般的感觉。

14.3 巧用灯光突出露台结构

在一些设计精巧的露台空间中，设计者为了突出露台的结构，会借用一些巧妙且具有针对性的灯光设计，对露台结构进行突出照明。由于露台区域属于住宅的外部空间，因此，当灯光为露台带来结构照明时，如果人们从远处望向住宅所在区域，会看见住宅的局部区域呈现出一种泛光效果，从而提高其在夜色中的瞩目度。

在通常情况下，具备聚焦能力的射灯与聚光灯是突出露台结构的最佳照明灯具。

◤ **清晰的结构**

第一眼望去，该露台最为醒目的地方当属支撑露台顶棚的三根立柱。在三根立柱的下方地面四周，设计者安装了一组地面隐藏式向上射灯，用以突显出立柱本身以及立柱与顶棚连接处的结构。目光右移，安装在室内出口两侧墙面下方的嵌入式射灯，不仅进一步强调了前方立柱，还突显了露台围栏处的局部结构。

14.4　植物与灯光的组合

当人们踏入住宅的外部空间——庭园区域或绿化区域以后，除了必要的用于引导人们行走的路灯照明以外，对于植物区域的照明便成为灯光设计的重点区域。

栽种在外部空间中的植物，从其体积上来划分不外乎三种，分别为大型、中型及小型植物。通常情况下，住宅的外部空间会栽种大量的植物，这些植物可能是三种植物的混合体，也可以两两组合，甚至是大面积地栽种一种植物，因此，在实际的灯光布置中，仅需要选择重点植物或选择一些重点栽种区进行照明设计。

➜ 草坪中的舞者

在该住宅的户外绿化区域中，设计者栽种了大面积的绿草，并在绿草之中栽种了多棵中型植物，而在每一棵植物的一旁地面处，设计者皆安装了专门的射灯用作照明，让光线从斜下方处，向上照射打在植物身上，让每一棵植物都宛如草坪中的舞者一般，在其间尽情舞蹈。

↑ **多角度照明**

出现在本住宅外部空间的这棵大树无疑是焦点般的
存在。因此，设计者特意在其下方四周安装了射灯
照明，希望通过多角度的照明布置，展现出大树的
全部风貌。

↑ **垂直的光线**

在远处栽种的那一排树木的下方，设计者按照等
距离排列的方式，安装了一组向上照射式射灯，
让光线从垂直方向上映射在大树的身上，让原本
就十分高大的大树看上去更加挺拔。

↑ **在草坪上的灯光**

在该套住宅的外部空间中，设计者铺设了大面积的草
坪。在草坪之上，居住者并没有栽种其他植物，而是
将一个个散发着柔和光源的圆形灯具带到了草坪当
中，成为一个个令人瞩目的亮点。

14.5 找出并点亮瞩目点

在一个专业的室内设计师眼中，以庭院为主的外部空间设计，一定存在着一个或多个令人瞩目的地方，这些瞩目点可能面积较大，也可能存在于极其微小的角落，它需要设计者用心寻找，而后采用一些特殊的照明技巧来点亮它，让它成为空间中极为出彩的存在。

我们这里所要寻找的瞩目点，可以是原本就极为出挑的存在，也可以是平凡的细节，但可通过一定的灯光表现，使之成为吸引人眼球的视觉瞩目点。

⊠ 微型景观

在这一住宅庭院中，居住者栽种了大量的植物，原本栽种于屋檐下方的一棵小型绿色植物，其实在整个庭院中并不显眼，但设计者却在其一旁安设了一款具备较强聚焦功能的射灯，让这一微型景观成为整个庭院的瞩目点。

↑ 石下之光

在这个充满现代特色的住宅庭院中，安设在草坪区域的造型独特的石像无疑是空间中令人瞩目的焦点存在，因此，设计者特意在石像下侧的草坪处安装了一盏射灯，用来强调石像的造型。

← 转角的瞩目点

遥望庭院转角处，庭院设计者在该区域栽种了三棵中型树木，并同时在其下方安装了垂直向上照射的射灯，由于树木的枝干本身就是向上生长，再配合灯光的照射，更是给人一种积极乐观的感觉，并加上其所在的特殊地理位置，让身在同一空间中的人，很容易注意到它们的存在。

TIPS ▸▸

想要让庭院中栽种的树木成为视觉焦点，除了采用射灯照明以外，还可试着将灯具放在树上，并且所选择的灯具最好具有多个独立光源（例如，LED树灯），并尽量让每一个光源分布在树枝的多个角落，从而让树木本身成为一个发光体般的存在。

14.6 找到放置灯具的最佳区域

在一些面积较大的庭院或绿化区的灯光设计中，由于空间的面积过大，分区很多，设计者在布置照明光源时，需要花上很多心思去寻找放置灯具的最佳区域，如果灯具没有放置在适合它的地方，一来会削弱灯光的照明效果，降低环境照明的美感；二来会增加不必要的电能消耗，因此，设计者需要结合外部空间的建设结构，进行合理的灯具布置规划，让安放在庭院中的灯具发挥出最佳的照明效果。

↑ 最佳的位置

将一组散发着暖橙色光线的射灯，安装在住宅外墙与小型绿色植物之间，并将灯具的照射方向对准浅色墙面，使墙面获取泛光照明效果。如果从植物的正面望去，好似植物被一团团光芒包裹一般，轮廓也仿佛清晰了起来，最后，射灯的余光也为一旁的小路带来了光亮，从这三个方面来看，这组灯具已经找到了它们的最佳安装位置。

TIPS ▶▶

前面讲到了那么多室外空间的灯光设计方式，阅读至此的你一定想问，在我们的日常生活中，究竟应该怎样来选择室外灯具，下面将从主要的几个方面介绍室外灯具的选择要点：1. 具有防水功能；2. 尽量选择发热量较小的灯具；3. 灯具的外形风格与环境相协调；4. 具有一定的耐腐蚀性。